国家科学技术学术著作出版基金资助出版
本书相关研究内容得到了国家自然科学基金项目
（11873096）的资助

卫星轨道动力学中的
Hansen系数

吴连大 张明江 著

 南京大学出版社

图书在版编目(CIP)数据

卫星轨道动力学中的 Hansen 系数 / 吴连大,张明江
著. ——南京:南京大学出版社,2023.1
ISBN 978-7-305-24807-8

Ⅰ. ①卫… Ⅱ. ①吴… ②张… Ⅲ. ①卫星轨道-飞
行力学-计算方法 Ⅳ. ①V412.4-32

中国版本图书馆 CIP 数据核字(2021)第 146371 号

出版发行 南京大学出版社
社 址 南京市汉口路 22 号   邮 编 210093
出 版 人 金鑫荣

书 名 **卫星轨道动力学中的 Hansen 系数**
著 者 吴连大 张明江
责任编辑 王南雁   编辑热线 025-83595840

照 排 南京南琳图文制作有限公司
印 刷 徐州绪权印刷有限公司
开 本 787×1092 1/16 印张 12.75 字数 222 千
版 次 2023 年 1 月第 1 版 2023 年 1 月第 1 次印刷
ISBN 978-7-305-24807-8
定 价 120.00 元

网址:http://www.njupco.com
官方微博:http://weibo.com/njupco
官方微信号:njupress
销售咨询热线:(025) 83594756

序

　　回顾天体力学领域的发展史,特别在 100～150 年前的计算条件下,首先开展的是天体力学的分析理论研究,Hansen 系数就是在那个时代发展起来的。随着电子计算机的出现,微分方程的数值理论也得到快速的发展,与之相关的天体力学(特别是轨道力学)领域对数值方法的应用也愈来愈广泛,特别是各类天体的精密定轨,为了保证定轨精度,基本上都采用数值方法。由此,出现了忽视分析方法的倾向,这是值得注意的问题。天体力学的分析理论,是研究各类天体轨道的运动规律从而揭示轨道变化特征的理论,为人类认识自然和实现相关的应用提供不可缺的理论依据。一个很简单的例子就是人造地球卫星的轨道运动存在各类特殊轨道,例如太阳同步轨道、地球同步轨道、冻结轨道等等,它们都是先由分析理论研究获得结果,然后才走向实际应用的途径。总之,无论是自然天体还是人造天体,其运动规律的一些重要特征是无法直接由数值计算揭示的,天体力学的理论研究(包括分析理论和定性理论)必须得到重视。

　　Hansen 系数是天体力学和卫星动力学分析理论中最重要和最常用的特殊函数,是天体力学分析理论的一个基础领域,长期以来受到各国研究者的重视。本书作者研究了 Hansen 系数的多种计算方法,并对这些方法的计算精度和适用范围进行了评估,同时还给出了相应的改进算法,这很有必要。另外,本书对大偏心率轨道的计算精度问题也做了一些探讨,尽管还未触及其核心内容(即所涉及的三角级数的收敛性及其收敛范围的问题），但对于已呈现的一些研究内容和结果，如给出某些条件下（特别是轨道偏心率较大的情况）Hansen 系数及其导数的一些计算方法的改进，有助于解决卫星长弧段的轨道外推计算问题，可满足某些实际工作的需求。这些有益的研究进展，不仅对改进 Hansen 系数的计算方法具有推进作用，对其涉及的理论研究工作亦是有益的，任何一个理论的重大发展总是需要一个相应的积累过程。

　　本书作者长期从事天体力学和卫星动力学的研究，他的研究工作与我国航天工程有紧密联系。目前，由于国内外还没有较系统的研究 Hansen 系数的专著出版，写作本书，不仅对该领域研究工作的进展有一定的推进作用，对青年人才的培养也有一定的帮助。

刘　林

2020 年 12 月 6 日

目　录

第1章　引言 ·· 1

1.1　Hansen 系数的引进 ·································· 1

1.1.1　地球引力场的摄动函数 ···················· 1

1.1.2　日月摄动的摄动函数 ······················ 2

1.2　Hansen 系数的定义以及与经典系数的关系 ············ 3

1.3　卫星动力学对 Hansen 系数研究的需求 ················ 4

1.4　本专著的章节安排 ·································· 7

参考文献 ··· 8

第2章　$X_0^{n,m}$、$X_0^{-(n+1),m}$ 及其导数的计算 ············ 11

2.1　$X_0^{n,m}$、$X_0^{-(n+1),m}$ 的级数表达式 ············ 11

2.2　$X_0^{n,m}$、$X_0^{-(n+1),m}$ 的超几何级数表达式 ········ 16

2.2.1　$X_0^{n,m}$、$X_0^{-(n+1),m}$ 的以 β^2 为引数的超几何级数表达式 ······· 16

2.2.2　$X_0^{n,m}$、$X_0^{-(n+1),m}$ 的以 e^2 为引数的超几何级数表达式 ·········· 17

2.2.3　与级数表达式的比较 ······················ 17

2.3　Legendre 多项式表达式 ···························· 19

2.4　Laplace 系数表达式 ······························ 20

2.5　$X_0^{n,m}$、$X_0^{-(n+1),m}$ 的递推关系 ················ 21

2.5.1　McClain 递推公式 ························ 21

2.5.2　Giacaglia 递推公式 ······················ 23

2.5.3　Laskar 递推公式 ·························· 25

2.5.4　利用超几何级数建立的递推公式 ············ 25

2.5.5 摄动计算中所用的 $X_0^{n,m}$ 的递推公式 ···················· 28

2.6 $X_0^{n,m}$、$X_0^{-(n+1),m}$ 及其导数的计算 ···················· 30

2.6.1 直接计算方法 ···················· 30

2.6.2 递推计算方法 ···················· 31

2.7 无奇点摄动理论中的 $X_0^{n,m}$、$X_0^{-(n+1),m}$ 计算 ···················· 32

2.7.1 直接计算方法 ···················· 33

2.7.2 递推计算方法 ···················· 34

2.8 各种方法的比较 ···················· 37

参考文献 ···················· 39

第 3 章 Hansen 系数及其导数的直接计算方法 ···················· 41

3.1 Hansen 系数直接计算方法 ···················· 41

3.1.1 Newcomb-Poincaré 表达式 ···················· 41

3.1.2 Hill 表达式 ···················· 45

3.1.3 Hansen 表达式 ···················· 50

3.1.4 Laplace 系数表达式 ···················· 53

3.1.5 定积分表达式 ···················· 55

3.2 Hansen 系数的核 ···················· 56

3.3 Hansen 系数导数的直接计算方法 ···················· 57

3.3.1 定积分方法的导数计算 ···················· 57

3.3.2 用 Hansen 系数计算导数 ···················· 58

3.3.3 直接求导方法 ···················· 59

3.4 试算情况 ···················· 62

3.4.1 Hansen 系数计算结果 ···················· 63

3.4.2 Hansen 系数导数计算结果 ···················· 69

3.4.3 计算效率 ···················· 74

3.5 初步分析 ···················· 74

参考文献 ···················· 76

第 4 章　Hansen 系数的递推 ································· 78

　4.1　Hansen 系数的递推关系 ························· 78

　　4.1.1　Giacaglia 递推公式 ······················· 78

　　4.1.2　McClain 递推公式 ························· 80

　　4.1.3　递推公式的特点 ························· 84

　4.2　Hansen 系数的递推计算 ······················· 84

　　4.2.1　基本递推公式 ··························· 85

　　4.2.2　Hansen 系数递推的分类 ··················· 85

　　4.2.3　基本递推公式的补充 ····················· 87

　　4.2.4　普通 Hansen 系数的递推 ················· 89

　　4.2.5　偏心率函数的递推 ······················· 93

　4.3　Hansen 系数的直接计算方法和递推方法的计算效率比较 ··· 101

　4.4　递推算例 ································· 102

　4.5　大偏心率轨道的 Hansen 系数计算 ··············· 104

　　4.5.1　计算方法稳定性的判别 ··················· 105

　　4.5.2　重点 Hansen 系数 ······················· 106

　　4.5.3　求和限的选择 ··························· 109

　　4.5.4　重点 Hansen 系数计算是稳定的 ············· 111

　参考文献 ································· 112

第 5 章　Hansen 系数的其他计算方法 ··············· 113

　5.1　调和分析方法 ····························· 113

　5.2　Taylor 级数展开法 ························· 121

　5.3　内插计算和 Chebyshev 多项式逼近 ············· 125

　参考文献 ································· 132

附录 ······································· 134

　附录 A　几个公式的推导 ······················· 134

　　A.1　表达式(2.5)的推导 ······················· 134

　　A.2　表达式(3.74)的推导 ····················· 138

　　　　A.3　表达式(3.10)的推导思路 ·················· 140

附录 B　Hansen 系数的 Hansen 表达式 ·············· 141

附录 C　Hansen 系数的 Hill 表达式 ················ 147

附录 D　Fortran 程序 ························· 148

　　　　D.1　第 2 章计算方法 Fortran 程序 ············· 148

　　　　D.2　第 3 章计算方法 Fortran 程序 ············· 173

　　　　D.3　第 4 章计算方法 Fortran 程序 ············· 189

参考文献 ······························· 194

第 1 章 引 言

1.1 Hansen 系数的引进

在天体力学的分析理论中，需要将摄动函数展开为时间和轨道根数的显函数，这里有两个最常用的特殊函数，第一个是倾角函数，第二个是 Hansen 系数。关于倾角函数的计算，可参考专著[1]。

在卫星动力学中，有两种摄动函数的展开与 Hansen 系数有关：地球引力场的摄动函数和日月摄动的摄动函数。

1.1.1 地球引力场的摄动函数

地球引力场的摄动函数为

$$R = \sum_{l=2}^{\infty} \sum_{m=0}^{l} \frac{\mu R_E^l}{r^{l+1}} \overline{P}_l^m(\sin \varphi)(\overline{C}_{lm} \cos m\lambda + \overline{S}_{lm} \sin m\lambda) \tag{1.1}$$

其中，μ 为地心引力常数，R_E 为地球赤道半径，r 为卫星地心距，λ 和 φ 为卫星的经纬度，$\overline{P}_l^m(\sin \varphi)$ 为正规化的缔合 Legendre 多项式，$\overline{C}_{lm}$ 和 $\overline{S}_{lm}$ 为正规化的地球引力场系数。利用倾角函数和 Hansen 系数展开后，有[2,3]

$$R = \sum_{lmpq} \frac{\mu R_E^l}{a^{l+1}} J_{lm} \overline{F}_{lmp}(I) X_{l-2p+q}^{-l-1,l-2p}(e) \cos(\psi + \lambda_{lm}) \tag{1.2}$$

其中，$J_{lm} = (\overline{C}_{lm}^2 + \overline{S}_{lm}^2)^{1/2}$，$\psi = (l-2p)\omega + (l-2p+q)M + m(\Omega-\theta)$，$a$、$e$、$I$、$\Omega$、$\omega$ 和 M 为卫星的开普勒根数，θ 是格林尼治恒星时，$\lambda_{lm} = \dfrac{l-m}{2}\pi - \arctan\left(\dfrac{\overline{S}_{lm}}{\overline{C}_{lm}}\right)$，

$\overline{F}_{lmp}(I)$ 为正规化倾角函数[2]，$X_{l-2p+q}^{-l-1,l-2p}(e)$ 为 Hansen 系数。

1.1.2　日月摄动的摄动函数

日月摄动的摄动函数为

$$R = \frac{Gm'}{r'}\sum_{l=2}^{\infty}\frac{1}{2l+1}\left(\frac{r}{r'}\right)^{l}\sum_{m=0}^{l}\overline{P}_l^m(\sin\varphi)\,\overline{P}_l^m(\sin\varphi')\cos m(\lambda-\lambda') \quad (1.3)$$

其中，G 为引力常数，m' 为摄动天体的质量，r 为卫星地心距，λ 和 φ 为卫星的经纬度，r' 为摄动天体的地心距，λ' 和 φ' 为摄动天体的经纬度，$\overline{P}_l^m(\sin\varphi)$ 和 $\overline{P}_l^m(\sin\varphi')$ 为正规化的缔合 Legendre 多项式。

一般情况下，太阳摄动仅需考虑二阶项即可，月球摄动需要考虑二阶和三阶项。将日月摄动函数(1.3)展开后，有[2,3]：

$$R = \sum_{lmpp'qq'}\frac{Gm'(-1)^{l+m}a^l}{(2l+1)a'^{l+1}}\overline{F}_{lmp}(I)\,\overline{F}_{l,m,l-p'}(I')X_{l-2p+q}^{l,l-2p}(e)X_{l-2p'+q'}^{-l-1,l-2p'}(e')\cos\psi_1$$

$$(1.4)$$

其中，a、e、I、Ω、ω 和 M 为卫星的开普勒根数，a'、e'、I'、Ω'、ω' 和 M' 为摄动天体的开普勒根数，$\overline{F}_{lmp}(I)$ 和 $\overline{F}_{l,m,l-p'}(I')$ 为正规化倾角函数[2]，$X_{l-2p+q}^{l,l-2p}(e)$ 和 $X_{l-2p'+q'}^{-l-1,l-2p'}(e')$ 为 Hansen 系数，$\psi_1 = (l-2p)\omega + (l-2p+q)M + (l-2p')\omega' + (l-2p'+q')M' + m(\Omega-\Omega')$。

由此可见，在卫星动力学中，有两种 Hansen 系数，其定义分别为

$$\left(\frac{a}{r}\right)^{l+1}\exp[j(l-2p)f] = \sum_{k=-\infty}^{\infty}X_k^{-l-1,l-2p}\exp(jkM) \quad (1.5)$$

$$\left(\frac{r}{a}\right)^{l}\exp[j(l-2p)f] = \sum_{k=-\infty}^{\infty}X_k^{l,l-2p}\exp(jkM) \quad (1.6)$$

其中，$j=\sqrt{-1}$ 是虚数单位。

Kaula 称这些 Hansen 系数为偏心率函数[4-6]，即

$$\begin{aligned}G_{lpq}(e) &= X_{l-2p+q}^{-l-1,l-2p}(e)\\ H_{lpq}(e) &= X_{l-2p+q}^{l,l-2p}(e)\end{aligned} \quad (1.7)$$

1.2 Hansen 系数的定义以及与经典系数的关系

Hansen 系数 $X_k^{n,m}$ 的定义为[7]

$$\left(\frac{r}{a}\right)^n \exp(\mathrm{j}mf) = \sum_{k=-\infty}^{\infty} X_k^{n,m}(e)\exp(\mathrm{j}kM) \qquad (1.8)$$

函数 $\left(\frac{r}{a}\right)^n \exp(\mathrm{j}mf)$ 称为 Hansen 系数的生成函数。由于该函数对摄动函数展开的重要性,该函数的展开一直受到天体力学研究的广泛重视。

Cayley 给出了下列展开式[8-10]

$$\left(\frac{r}{a}\right)^n \cos mf = \sum_{k=0}^{\infty} C_k^{n,m}(e)\cos kM \qquad (1.9)$$

$$\left(\frac{r}{a}\right)^n \sin mf = \sum_{k=0}^{\infty} S_k^{n,m}(e)\sin kM \qquad (1.10)$$

并给出了精确到 e^7 的 $C_k^{n,m}(e)$ 和 $S_k^{n,m}(e)$ 系数表($n = -5, -4, \cdots, -1, 1, 2, \cdots, 4; 0 < m < |n|$)。显然,Hansen 系数与 $C_k^{n,m}(e)$、$S_k^{n,m}(e)$ 的关系为[9,10]

$$C_0^{n,m} = X_0^{n,m}$$

$$C_k^{n,m} = X_k^{n,m} + X_{-k}^{n,m}, \quad X_k^{n,m} = \frac{C_k^{n,m} + S_k^{n,m}}{2} \qquad (1.11)$$

$$S_k^{n,m} = X_k^{n,m} - X_{-k}^{n,m}, \quad X_{-k}^{n,m} = \frac{C_k^{n,m} - S_k^{n,m}}{2}$$

Newcomb 展开[10, 11]:

$$\left(\frac{r}{a}\right)^n \exp[\mathrm{j}m(f-M)] = \sum_{k=-\infty}^{\infty} N_k^{n,m}\exp(\mathrm{j}kM) \qquad (1.12)$$

其中,

$$N_k^{n,m} = \sum_{q=0}^{\infty} \Pi_k^q(n,m)e^q, \quad |q-k| = 0,2,4,\cdots \qquad (1.13)$$

$\Pi_k^q(n,m)$ 为 Newcomb 算子。Hansen 系数与 $N_k^{n,m}$ 的关系为[10]

$$N_k^{n,m} = X_{m+k}^{n,m} \qquad (1.14)$$

Newcomb 给出了精确到 e^8 的 $N_k^{n,m}$ 系数表[11]。

Izsak 等[12]用下式表示 Newcomb 算子:

$$X_{\rho,\sigma}^{n,m} = \Pi_{\rho-\sigma}^{\rho+\sigma}(n,m) \tag{1.15}$$

进行变量变换,可以将 Hansen 系数表达为[10]

$$X_k^{n,m} = e^{|m-k|} \sum_{\sigma=0}^{\infty} X_{\sigma+\alpha,\sigma+\beta}^{n,m} e^{2\sigma} \tag{1.16}$$

其中,$\alpha = \max(0, k-m)$,$\beta = \max(0, m-k)$。Izsak 等将 Hansen 系数展开到 $e^{8[10,12]}$,Cherniack 将 Hansen 系数展开到 $e^{12[9,10]}$。

Cayley、Newcomb、Izsak 等和 Cherniack 给出的相关计算结果[8,9,11,12],对 Hansen 系数的计算显然是有用的。但是,这些计算结果的截断阶次太低。因此,我们仍然需要对 Hansen 系数的计算进行深入的研究。

1.3　卫星动力学对 Hansen 系数研究的需求

一般说来,卫星动力学的分析理论对摄动计算的精度要求为米级。如果以 1 m 为门限,日月摄动函数的展开只要 $l=2,3$ 即可。然而,对于地球引力场摄动函数的展开,由于地球引力场系数收敛得很慢,需要考虑许多项,即

$$\Delta\sigma = \sum_{l=2}^{N} \sum_{m=0}^{l} \sum_{p=0}^{l} \sum_{q=Q_1}^{Q_2} \Delta\sigma_{lmpq} \tag{1.17}$$

其中,N 为地球引力场截断阶次,$[Q_1, Q_2]$ 为指标 q 的求和范围。根据摄动项的特性,地球引力场摄动可以分为

(1) $m=0$ 的项,是带谐项,由于有长期和长周期摄动,因此是必需考虑的;

(2) $k=l-2p+q=0$ 的项,是 m-daily 项,它的量级也较大,一般也需要考虑;

(3) 其他项是田谐摄动短周期项,它不仅与引力场系数 $J_{lm}(m=1,2,\cdots,l)$ 有关,而且与轨道半长径的 a^{-l}、倾角函数 $\overline{F}_{lmp}(I)$ 和偏心率函数 $G_{lpq}(e)$ 有关。

要计算好地球引力场摄动,首先必须确定地球引力场截断阶次 N。对于(激光)卫星的精密定轨,IERS(International Earth Rotation and Reference Systems Service)建议的截断阶次[13]如表 1.1 所示。

表 1.1   不同轨道高度卫星的地球引力场截断阶次 N[13]

轨道半长径 a(km)	卫星举例	截断阶次 N
7 331	Starlette	90
12 270	LAGEOS	20
26 600	GPS	12

表 1.1 中，没有考虑大偏心率轨道。不同偏心率轨道的半长径的最小值 a_{min}，可以用下式估计：

$$a_{min} = \frac{6\,378.14 + 200}{6\,378.14(1 - e)} \tag{1.18}$$

注意，式(1.18)中，a_{min} 的计算单位是地球赤道半径 R_E。表 1.2 给出了不同偏心率轨道对应的半长径的最小值 a_{min}。

表 1.2   不同偏心率轨道的半长径的最小值 a_{min}

偏心率 e	a_{min}(km)	a_{min}(R_E)
0.1	7 309	1.145 952
0.2	8 223	1.289 196
0.3	9 397	1.473 367
0.4	10 964	1.718 929
0.5	13 156	2.062 714
0.6	16 445	2.578 393
0.7	21 927	3.437 857
0.75	26 313	4.125 428

当然，地球引力场截断阶次 N 除了与轨道半长径 a 有关，还与倾角函数 $\overline{F}_{lmp}(I)$ 和偏心率函数 $G_{lpq}(e)$ 有关。当偏心率较大时，Hansen 系数(或偏心率函数)会很大。因此，对于地球引力场的截断阶次 N，需要评估 Hansen 系数(或偏心率函数)的大小后才能确定，这便是我们研究 Hansen 系数的首要目的。

同时，在计算地球引力场摄动时，指标 q 的求和范围，一般都是从 $-Q$ 到 Q(Q 为指标 q 的求和上限)，即认为指标 $q = 0$ 的项量级最大。然而，Wnuk 给出了偏心率 $e = 0.4$、指标 $l = 66$、指标 $p = 20$ 的偏心率函数 G_{lpq} 及其导数 $\frac{dG_{lpq}}{de}$ 随指标 q 的变化关系[14]，如图 1.1 所示。由图 1.1 可见，当偏心率 $e = 0.4$ 时，偏心率函数 G_{lpq} 及其导数$\dfrac{\mathrm{d}G_{lpq}}{\mathrm{d}e}(l=66,p=20)$的最大值,分别出现在 $q=39$ 和 $q=41$ 处。Wnuk 还给出了指标 $l=40$、指标 $p=14$、不同偏心率的 Hansen 系数(或偏心率函数)的导数 $\dfrac{\mathrm{d}G_{lpq}}{\mathrm{d}e}$ 随指标 q 的变化关系[14],如图 1.2 所示。由图 1.2 可见,当偏心率 $e=0.1$,$0.2,\cdots,0.8$ 时,Hansen 系数(或偏心率函数)的导数也不是指标 $q=0$ 的项最大。

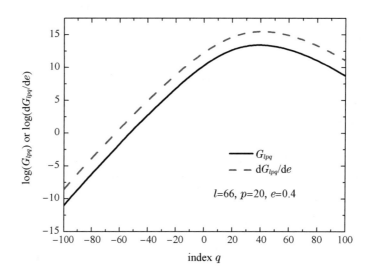

图 1.1 偏心率函数 G_{lpq} 及其导数 $\dfrac{\mathrm{d}G_{lpq}}{\mathrm{d}e}$ 随指标 q 的变化关系[14]($e=0.4, l=66, p=20$)

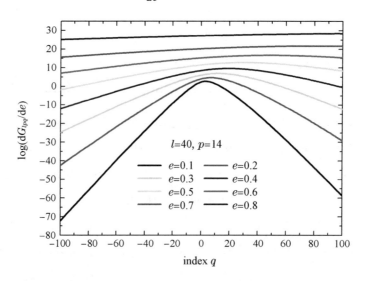

图 1.2 不同偏心率的 Hansen 系数(或偏心率函数)的导数 $\dfrac{\mathrm{d}G_{lpq}}{\mathrm{d}e}$

随指标 q 的变化关系[14]($l=40, p=14$)

因此,要计算好摄动,也需要研究 Hansen 系数,而且需要对每一个指标 l 的 Hansen 系数进行研究,特别是对于大偏心率的轨道。

另外,在后面章节中将会看到,Hansen 系数的计算存在困难,有些直接计算方法不稳定;Hansen 系数的相关递推方法的计算效率也不高。因此,需要研究卫星动力学(分析理论)中 Hansen 系数的特性和计算方法。

1.4 本专著的章节安排

本专著包括五章和附录。

第 1 章是引言,从摄动函数展开式出发,引出 Hansen 系数的定义,根据摄动项的量级,指出对地球引力场摄动,需要将带谐项摄动、m-daily 项和田谐摄动短周期项分开计算;并指出地球引力场摄动的截断阶次 N、指标 q 的求和范围,与 Hansen 系数的大小和特性有关。

第 2 章研究 $k=0$ 的 Hansen 系数 $X_0^{n,m}$、$X_0^{-(n+1),m}$ 及其导数的计算,其对应的摄动项是 m-daily 项。给出了 Hansen 系数 $X_0^{n,m}$、$X_0^{-(n+1),m}$ 及其导数的直接计算和递推计算方法,利用超几何级数推导了两个递推公式[15],并对 16 种计算方法进行了比较,指出这些方法均能满足计算精度的要求,递推方法的效率较高,只计算"摄动计算所需的"Hansen 系数的方法可以满足无奇点根数摄动计算的要求。也就是说,计算 m-daily 摄动项需要的 Hansen 系数及其导数已能够得到满意的解决。

第 3 章到第 5 章,研究 $k \neq 0$ 的 Hansen 系数及其导数的计算。第 3 章研究直接计算方法,第 4 章研究递推计算方法,第 5 章研究其他计算方法。

第 3 章回顾总结了多种 Hansen 系数及其导数的直接计算方法,给出了相关方法的直接求导的导数表达式并对各种方法的计算效率和计算稳定性进行了初步分析评估。利用算例计算表明[16]:

(1) 对于小偏心率($e<0.2$)轨道,各种计算方法均可以满足计算精度的要求;

(2) 对于大偏心率轨道,Wnuk 方法[14]和 Giacaglia 方法[17]计算结果较好;

(3) McClain 方法 1[18,19]适合于无奇点根数的摄动计算;

(4) Hansen 系数计算的主要困难是计算机字长不够;

(5) 计算方法的稳定性研究需要一个判别准则。

Wnuk 方法[14]对无奇点根数摄动计算不适用,因此计算 $k \neq 0$ 的 Hansen 系数及其导数的合理选择是:在双精度计算情况下,对于大偏心率采用 Wnuk 方法[14],对于小偏心率采用 McClain 方法 1[18,19];在四精度计算情况下,采用 McClain 方法 1[18,19]可以兼顾大小偏心率的 Hansen 系数计算,这是一种较好的选择,推荐使用这种方法。

第 4 章简要回顾了 Giacaglia[17]和 McClain[18]递推公式,分析指出这些递推公式中只有五个是独立的(将其称为基本递推公式),并简要概述了 Hansen 系数递推公式的一个显著特点:递推公式中 Hansen 系数 $X_k^{n,m}$ 的下标 k 均是相同的;基于对 Hansen 系数递推的较系统的分类,指出现有基本递推公式的欠缺,特别是推导给出了两个新的 Hansen 系数的递推公式[20],它们可以作为基本递推公式的有效补充;探讨了普通 Hansen 系数和偏心率函数的递推方法,比较了直接计算方法和递推方法的计算效率,给出了效率较高的成批递推方法[21];最后,提出利用 Hansen 系数的递推关系来判别 Hansen 系数直接计算方法的稳定性[16],探讨了大偏心率轨道的 Hansen 系数计算问题。

第 5 章介绍了 Hansen 系数的其他计算方法,包括调和分析、Taylor 级数展开、内插计算和 Chebyshev 多项式逼近方法,并对相关计算方法的适用性和精度进行了讨论。

附录给出了专著中一些重要公式的具体推导、Hansen 系数主要计算方法的 Fortran 程序。

参考文献

[1] Wu,L.D.,Wang,H.B.,Ma,J.Y. Inclination Function in Satellite Dynamics. Science Press,Beijing,2012.

[2] Gaposchkin,E. M. 1973 Smithsonian Standard Earth(III). SAO Special Report No. 353, Smithsonian Astrophysical Observatory,Cambridge,Massachusetts,1973.

[3] 吴连大. 人造卫星与空间碎片的轨道和探测. 北京:中国科学技术出版社,2011.

[4] Kaula,W. M. Theory of Satellite Geodesy:Applications of Satellites to Geodesy. Blaisdell Publishing Company,1966.

［5］ Kaula，W. M. Analysis of gravitational and geometric aspects of geodetic utilization of satellites. Geophysical Journal International，1961，5(2)：104 - 133.

［6］ Kaula，W. M. Development of the lunar and solar disturbing function for a close satellite. The Astronomical Journal，1962，67(5)：300 - 303.

［7］ Plummer，H. C. An Introductory Treatise on Dynamical Astronomy. Cambridge University Press，London，1918.

［8］ Cayley，A. Tables of the developments of functions in the theory of elliptic motion. Memoirs of the Royal Astronomical Society，1861，29：191 - 306.

［9］ Cherniack，J. R. Computation of Hansen Coefficients. SAO Special Report No. 346，Smithsonian Astrophysical Observatory，1972.

［10］ Hughes，S. The computation of tables of Hansen coefficients. Celestial Mechanics，1981，25(1)：101 - 107.

［11］ Newcomb，S. A development of the perturbative function in cosines of multiples of the mean anomalies and of angles of multiples of the mean anomalies and of angles between the perihelia and common node and in powers of the eccentricities and mutual inclination. U. S. Nautical Almanac Office，Washington，1895.

［12］ Izsak，I. G.，Gerard，J. M.，Efimba，R.，Barnett，M. P. Construction of Newcomb Operators on a Digital Computer. SAO Special Report No. 140，Smithsonian Astrophysical Observatory，1964.

［13］ Petit，G.，Luzum，B. (eds.) IERS Conventions (2010)，IERS Technical Note No. 36，Verlag des Bundesamts für Kartographie und Geodäsie，Frankfurt am Main，2010.

［14］ Wnuk，E. Highly eccentric satellite orbits. Advances in Space Research，1997，19(11)：1735 - 1740.

［15］ 吴连大,张明江. Hansen 系数 $X_0^{n,m}$, $X_0^{-(n+1),m}$ 及其导数的递推计算. 宇航动力学学报,2012,2(4):1 - 10.

［16］ 吴连大,张明江. Hansen 系数及其导数的直接计算方法. 天文学报,2021,62(5):47.

［17］ Giacaglia，G. E. O. A note on Hansen's coefficients in satellite theory. Celestial Mechanics，1976，14(4)：515 - 523.

［18］ McClain，W. D. A Recursively Formulated First-Order Semianalytic Artificial Satellite Theory Based on the Generalized Method of Averaging. Volume II. The Explicit Development of the First-Order Averaged Equations of Motion for the Nonspherical Gravitational and Nonresonant Third-Body Perturbations. NASA CR-156783，1978.

［19］Proulx，R. J.，McClain，W. D. Series representations and rational approximations for Hansen coefficients. Journal of Guidance，1988，11(4)：313－319.

［20］吴连大,张明江.两个新的 Hansen 系数的递推公式.天文学报,2021,62(4):34.

［21］吴连大,张明江.Hansen 系数递推的效率.天文学报,2021,62(5):55.

第 2 章 $X_0^{n,m}$、$X_0^{-(n+1),m}$ 及其导数的计算

Hansen 系数 $X_k^{n,m}$ 的定义为[1]:

$$\left(\frac{r}{a}\right)^n \exp(\mathrm{j}mf) = \sum_{k=-\infty}^{\infty} X_k^{n,m}(e)\exp(\mathrm{j}kM) \tag{2.1}$$

其中,r 为地心距,a 为半长径,e 为偏心率,M 为平近点角,f 为真近点角,$\mathrm{j}=\sqrt{-1}$。根据三角函数的正交性,有

$$X_k^{n,m}(e) = \frac{1}{2\pi}\int_0^{2\pi}\left(\frac{r}{a}\right)^n \cos(mf - kM)\mathrm{d}M \tag{2.2}$$

当 $k=0$ 时,有

$$X_0^{n,m}(e) = \frac{1}{2\pi}\int_0^{2\pi}\left(\frac{r}{a}\right)^n \cos mf \mathrm{d}M \tag{2.3}$$

因此,Hansen 系数 $X_0^{n,m}$ 就是 $\left(\dfrac{r}{a}\right)^n \cos mf$ 的平均值:

$$X_0^{n,m}(e) = \left\langle \left(\frac{r}{a}\right)^n \cos mf \right\rangle \tag{2.4}$$

其中,$\langle x\rangle$ 表示 x 的平均值。

2.1 $X_0^{n,m}$、$X_0^{-(n+1),m}$ 的级数表达式

Laskar 和 Boué 给出了 Hansen 系数 $X_0^{n,m}$ 级数表达式(证明参见附录 A.1)[2]:

$$X_0^{n,m} = (-1)^m \frac{(n+1+m)!}{(n+1)!} \sum_{l=0}^{[(n+1-m)/2]} \frac{(n+1-m)!}{l!(m+l)!(n+1-m-2l)!}\left(\frac{e}{2}\right)^{m+2l} \tag{2.5}$$

与 $X_0^{n,m}$ 相关的常见函数的平均值的表达式有

$$X_0^{0,m} = \langle \cos mf \rangle = (1 + \sqrt{1-e^2}) \left(\frac{-e}{1 + \sqrt{1-e^2}} \right)^m \tag{2.6}$$

$$X_0^{-1,m} = \left\langle \left(\frac{a}{r}\right) \cos mf \right\rangle = \left(\frac{-e}{1 + \sqrt{1-e^2}} \right)^m \tag{2.7}$$

$$X_0^{-(n+1),m} = \left\langle \left(\frac{a}{r}\right)^{n+1} \cos mf \right\rangle = (1-e^2)^{-(n-1/2)} \sum_{k=0}^{[(n-1-m)/2]} \binom{n-1}{m+2k} \binom{m+2k}{k} \left(\frac{e}{2}\right)^{m+2k} \tag{2.8}$$

其中,n 和 m 为正整数,e 为偏心率,$[x]$ 表示 x 的整数部分。

根据以上表达式可知,$X_0^{n,m}$ 和 $X_0^{-(n+1),m}$ 均含有 $e^{|m|}$ 因子,即

$$X_0^{n,m} \sim O(e^{|m|}), \quad X_0^{-(n+1),m} \sim O(e^{|m|}) \tag{2.9}$$

为了便于读者对 Hansen 系数 $X_0^{n,m}$ 和 $X_0^{-n,m}$ 有一个直观的概念,表2.1给出 $0\sim 8$ 阶 $X_0^{n,m}$ 的表达式($0 \leqslant n \leqslant 8, 0 \leqslant m \leqslant n$),表2.2给出 $2\sim 10$ 阶 $X_0^{-n,m}$ 的表达式($2 \leqslant n \leqslant 10, 0 \leqslant m \leqslant n-2$)。表2.1和2.2的备注一栏是 Hansen 系数 $X_0^{n,m}$ 和 $X_0^{-n,m}$ 对应的偏心率函数,$H_{n,(n-m)/2,-m} = X_0^{n,m}$,$G_{n-1,(n-1-m)/2,-m} = X_0^{-n,m}$。对于 $X_0^{n,m}$ 和 $X_0^{-n,m}$ 的更高阶的表达式,参见文献[2,3]。

表 2.1　$X_0^{n,m}$ 的级数表达式($0 \leqslant n \leqslant 8, 0 \leqslant m \leqslant n$)

n	m	指数 e	系数 e^0	e^2	e^4	e^6	e^8	备注
0	0	0	1					H_{000}
1	0	0	1	1/2				
1	1	1	-3/2					H_{10-1}, H_{111}
2	0	0	1	3/2				H_{210}
2	1	1	-2	-1/2				
2	2	2	5/2					H_{20-2}, H_{222}
3	0	0	1	3	3/8			
3	1	1	-5/2	-15/8				H_{31-1}, H_{321}
3	2	2	15/4	5/8				
3	3	3	-35/8					H_{30-3}, H_{333}
4	0	0	1	5	15/8			H_{420}
4	1	1	-3	-9/2	-3/8			

（续表）

n	m	指数 e	系 数					备注
			e^0	e^2	e^4	e^6	e^8	
4	2	2	21/4	21/8				H_{41-2}，H_{432}
4	3	3	−7	−7/8				
4	4	4	63/8					H_{40-4}，H_{444}
5	0	0	1	15/2	45/8	5/16		
5	1	1	−7/2	−35/4	−35/16			H_{52-1}，H_{531}
5	2	2	7	7	7/16			
5	3	3	−21/2	−63/16				H_{51-3}，H_{543}
5	4	4	105/8	21/16				
5	5	5	−231/16					H_{50-5}，H_{555}
6	0	0	1	21/2	105/8	35/16		H_{630}
6	1	1	−4	−15	−15/2	−5/16		
6	2	2	9	15	45/16			H_{62-2}，H_{642}
6	3	3	−15	−45/4	−9/16			
6	4	4	165/8	99/16				H_{61-4}，H_{654}
6	5	5	−99/4	−33/16				
6	6	6	429/16					H_{60-6}，H_{666}
7	0	0	1	14	105/4	35/4	35/128	
7	1	1	−9/2	−189/8	−315/16	−315/128		H_{73-1}，H_{741}
7	2	2	45/4	225/8	675/64	45/128		
7	3	3	−165/8	−825/32	−495/128			H_{72-3}，H_{753}
7	4	4	495/16	297/16	99/128			
7	5	5	−1 287/32	−1 287/128				H_{71-5}，H_{765}
7	6	6	3 003/64	429/128				
7	7	7	−6 435/128					H_{70-7}，H_{777}
8	0	0	1	18	189/4	105/4	315/128	H_{840}
8	1	1	−5	−35	−175/4	−175/16	−35/128	
8	2	2	55/4	385/8	1 925/64	385/128		H_{83-2}，H_{852}
8	3	3	−55/2	−825/16	−495/32	−55/128		

n	m	指数 e	系 数 e^0	e^2	e^4	e^6	e^8	备注
8	4	4	715/16	715/16	715/128			H_{82-4}，H_{864}
8	5	5	−1 001/16	−1 001/32	−143/128			
8	6	6	5 005/64	2 145/128				H_{81-6}，H_{876}
8	7	7	−715/8	−715/128				
8	8	8	12 155/128					H_{80-8}，H_{888}

例如，当 $n=7$，$m=2$，查表 2.1，有

n	m	指数 e	系 数 e^0	e^2	e^4	e^6	e^8	备注
7	2	2	45/4	225/8	675/64	45/128		

即

$$X_0^{7,2} = e^2 \left(\frac{45}{4} + \frac{225}{8} e^2 + \frac{675}{64} e^4 + \frac{45}{128} e^6 \right)$$

表 2.2　$X_0^{-n,m}$ 的级数表达式($2 \leqslant n \leqslant 10, 0 \leqslant m \leqslant n-2$)

n	m	指数 $(1-e^2)$	e	系数 e^0	e^2	e^4	e^6	e^8	备注
2	0	−1/2	0	1					
3	0	−3/2	0	1					G_{210}
3	1	−3/2	1	1/2					
4	0	−5/2	0	1	1/2				
4	1	−5/2	1	1					G_{31-1}，G_{321}
4	2	−5/2	2	1/4					
5	0	−7/2	0	1	3/2				G_{420}
5	1	−7/2	1	3/2	3/8				
5	2	−7/2	2	3/4					G_{41-2}，G_{432}
5	3	−7/2	3	1/8					
6	0	−9/2	0	1	3	3/8			

（续表）

n	m	指数 $(1-e^2)$	指数 e	系数 e^0	系数 e^2	系数 e^4	系数 e^6	系数 e^8	备注
6	1	$-9/2$	1	2	3/2				G_{52-1}, G_{531}
6	2	$-9/2$	2	3/2	1/4				
6	3	$-9/2$	3	1/2					G_{51-3}, G_{543}
6	4	$-9/2$	4	1/16					
7	0	$-11/2$	0	1	5	15/8			G_{630}
7	1	$-11/2$	1	5/2	15/4	5/16			
7	2	$-11/2$	2	5/2	5/4				G_{62-2}, G_{642}
7	3	$-11/2$	3	5/4	5/32				
7	4	$-11/2$	4	5/16					G_{61-4}, G_{654}
7	5	$-11/2$	5	1/32					
8	0	$-13/2$	0	1	15/2	45/8	5/16		
8	1	$-13/2$	1	3	15/2	15/8			G_{73-1}, G_{741}
8	2	$-13/2$	2	15/4	15/4	15/64			
8	3	$-13/2$	3	5/2	15/16				G_{72-3}, G_{753}
8	4	$-13/2$	4	15/16	3/32				
8	5	$-13/2$	5	3/16					G_{71-5}, G_{765}
8	6	$-13/2$	6	1/64					
9	0	$-15/2$	0	1	21/2	105/8	35/16		G_{840}
9	1	$-15/2$	1	7/2	105/8	105/16	35/128		
9	2	$-15/2$	2	21/4	35/4	105/64			G_{83-2}, G_{852}
9	3	$-15/2$	3	35/8	105/32	21/128			
9	4	$-15/2$	4	35/16	21/32				G_{82-4}, G_{864}
9	5	$-15/2$	5	21/32	7/128				
9	6	$-15/2$	6	7/64					G_{81-6}, G_{876}
9	7	$-15/2$	7	1/128					
10	0	$-17/2$	0	1	14	105/4	35/4	35/128	
10	1	$-17/2$	1	4	21	35/2	35/16		G_{94-1}, G_{951}
10	2	$-17/2$	2	7	35/2	105/16	7/32		

(续表)

n	m	指数		系数					备注
		$(1-e^2)$	e	e^0	e^2	e^4	e^6	e^8	
10	3	$-17/2$	3	7	35/4	21/16			G_{93-3}, G_{963}
10	4	$-17/2$	4	35/8	21/8	7/64			
10	5	$-17/2$	5	7/4	7/16				G_{92-5}, G_{975}
10	6	$-17/2$	6	7/16	1/32				
10	7	$-17/2$	7	1/16					G_{91-7}, G_{987}
10	8	$-17/2$	8	1/256					

例如,当 $-n=-7$、$m=1$ 时,查表 2.2,有

n	m	指数		系数					备注
		$(1-e^2)$	e	e^0	e^2	e^4	e^6	e^8	
7	1	$-11/2$	1	5/2	15/4	5/16			

即

$$X_0^{-7,1} = (1-e^2)^{-11/2} e \left(\frac{5}{2} + \frac{15}{4} e^2 + \frac{5}{16} e^4 \right)$$

2.2 $X_0^{n,m}$、$X_0^{-(n+1),m}$ 的超几何级数表达式

2.2.1 $X_0^{n,m}$、$X_0^{-(n+1),m}$ 的以 β^2 为引数的超几何级数表达式

McClain 首先得到 $X_0^{n,m}$ 和 $X_0^{-(n+1),m}$ 的以 β^2 为引数的超几何级数表达式[4]:

$$X_0^{-(n+1),m} = (1-\beta^2)^{-(n-1)} \cos^{-n}\phi \begin{pmatrix} n-1 \\ m \end{pmatrix} \beta^m F(m-n+1, 1-n, m+1; \beta^2)$$

$$(2.10)$$

$$X_0^{n,m} = (1+\beta^2)^{-(n+1)} \begin{pmatrix} n+m+1 \\ m \end{pmatrix} (-\beta)^m F(m-n-1, -n-1, m+1; \beta^2)$$

$$(2.11)$$

其中，$\beta = \dfrac{e}{1 + \sqrt{1 - e^2}}$，$\cos \phi = \sqrt{1 - e^2}$。

2.2.2 $X_0^{n,m}$、$X_0^{-(n+1),m}$ 的以 e^2 为引数的超几何级数表达式

利用超几何级数的二次变换公式：

$$\mathrm{F}(a, b, a - b + 1; \beta^2) = (1 + \beta^2)^{-a} \mathrm{F}\left(\frac{a}{2}, \frac{a+1}{2}, a - b + 1; \frac{4\beta^2}{(1 + \beta^2)^2} \right) \quad (2.12)$$

以及

$$\frac{4\beta^2}{(1 + \beta^2)^2} = e^2, \quad \frac{\beta}{1 + \beta^2} = \frac{e}{2}, \quad \frac{1 - \beta^2}{1 + \beta^2} = \cos \phi = \sqrt{1 - e^2} \quad (2.13)$$

就可得到 $X_0^{n,m}$ 和 $X_0^{-(n+1),m}$ 的以 e^2 为引数的超几何级数表达式[4]：

$$X_0^{-(n+1),m} = \cos^{-(2n-1)} \phi \left(\frac{e}{2} \right)^m \begin{pmatrix} n - 1 \\ m \end{pmatrix} \mathrm{F}\left(\frac{m - n + 1}{2}, \frac{m - n + 2}{2}, m + 1; e^2 \right)$$

$$(2.14)$$

$$X_0^{n,m} = \left(-\frac{e}{2} \right)^m \begin{pmatrix} n + m + 1 \\ m \end{pmatrix} \mathrm{F}\left(\frac{m - n - 1}{2}, \frac{m - n}{2}, m + 1; e^2 \right) \quad (2.15)$$

2.2.3 与级数表达式的比较

根据超几何级数的定义：

$$\mathrm{F}(a, b, c; z) = \sum_{l=0}^{\infty} \frac{(a)_l (b)_l}{(c)_l l!} z^l \quad (2.16)$$

其中，$(a)_l$ 是 Pochhammer 符号，$(a)_l = a(a + 1)(a + 2) \cdots (a + l - 1)$。由于 $X_0^{n,m}$ 和 $X_0^{-(n+1),m}$ 表达式(2.10)和(2.11)中的 a、b 为负数，因此其中的超几何级数为有限级数。

（1）对于 $X_0^{n,m}$

首先，确定 $X_0^{n,m}$ 中超几何级数的求和上限。根据式(2.15)，这时，

$$a = \frac{m - n - 1}{2}, \quad b = \frac{m - n}{2}$$

如果 $n - m = 2k$，则 $(b)_{k+1} = (-k)_{k+1} = (-k)_k(-k + k) = 0$，上限为 $k = \dfrac{n - m}{2}$；

如果 $n - m + 1 = 2k$，则 $(a)_{k+1} = (-k)_{k+1} = (-k)_k(-k + k) = 0$，上限为 $k =$

$\dfrac{n-m+1}{2}$。因此,超几何级数的求和上限可统一为 $k=\left[\dfrac{n-m+1}{2}\right]$,于是:

$$\mathrm{F}\left(\frac{m-n-1}{2},\frac{m-n}{2},m+1;e^2\right)=\sum_{l=0}^{\left[(n+1-m)/2\right]}\frac{\left(\dfrac{m-n-1}{2}\right)_l\left(\dfrac{m-n}{2}\right)_l}{(m+1)_l\, l!}e^{2l}$$

$$=\sum_{l=0}^{\left[(n+1-m)/2\right]}\frac{(m-n-1)_{2l}}{(m+1)_l\, l!}\left(\frac{e}{2}\right)^{2l}$$

$$=\sum_{l=0}^{\left[(n+1-m)/2\right]}\frac{(m-n-1)(m-n)\cdots(m-n-1+2l-1)}{(m+1)_l\, l!}\left(\frac{e}{2}\right)^{2l}$$

$$=\sum_{l=0}^{\left[(n+1-m)/2\right]}\frac{(n-m+1)(n-m)\cdots(n-m-2l+2)}{(m+1)_l\, l!}\left(\frac{e}{2}\right)^{2l}$$

$$=\sum_{l=0}^{\left[(n+1-m)/2\right]}\frac{(n-m+1)!}{(m+1)_l\, l!(n-m+1-2l)!}\left(\frac{e}{2}\right)^{2l}$$

$$(2.17)$$

然后,将上述式(2.17)代入式(2.15),有

$$X_0^{n,m}=\left(-\frac{e}{2}\right)^m\begin{pmatrix}n+m+1\\m\end{pmatrix}\mathrm{F}\left(\frac{m-n-1}{2},\frac{m-n}{2},m+1;e^2\right)$$

$$=\left(-\frac{e}{2}\right)^m\begin{pmatrix}n+m+1\\m\end{pmatrix}\sum_{l=0}^{\left[(n+1-m)/2\right]}\frac{(n-m+1)!}{(m+1)_l\, l!(n-m+1-2l)!}\left(\frac{e}{2}\right)^{2l}$$

$$=\left(-\frac{e}{2}\right)^m\frac{(n+m+1)!}{(n+1)!}\sum_{l=0}^{\left[(n+1-m)/2\right]}\frac{(n-m+1)!}{(m+l)!\, l!(n-m+1-2l)!}\left(\frac{e}{2}\right)^{2l}$$

$$=(-1)^m\frac{(n+1+m)!}{(n+1)!}\sum_{l=0}^{\left[(n+1-m)/2\right]}\frac{(n+1-m)!}{l!(m+l)!(n+1-m-2l)!}\left(\frac{e}{2}\right)^{m+2l}$$

$$(2.18)$$

它与式(2.5)相同。

(2) 对于 $X_0^{-(n+1),m}$

同理,有

$$\mathrm{F}\left(\frac{m-n+1}{2},\frac{m-n+2}{2},m+1;e^2\right)=\sum_{l=0}^{\left[(n-1-m)/2\right]}\frac{\left(\dfrac{m-n+1}{2}\right)_l\left(\dfrac{m-n+2}{2}\right)_l}{(m+1)_l\, l!}e^{2l}$$

$$=\sum_{l=0}^{\left[(n-1-m)/2\right]}\frac{(m-n+1)_{2l}}{(m+1)_l\, l!}\left(\frac{e}{2}\right)^{2l}$$

$$=\sum_{l=0}^{\left[(n-1-m)/2\right]}\frac{(m-n+1)(m-n+2)\cdots(m-n+2l)}{(m+1)_l\, l!}\left(\frac{e}{2}\right)^{2l}$$

$$= \sum_{l=0}^{[(n-1-m)/2]} \frac{(n-m-1)(n-m-2)\cdots(n-m-2l)}{(m+1)_l l!}\left(\frac{e}{2}\right)^{2l}$$

$$= \sum_{l=0}^{[(n-1-m)/2]} \frac{(n-m-1)!}{(m+1)_l l!(n-m-1-2l)!}\left(\frac{e}{2}\right)^{2l} \tag{2.19}$$

将上述式(2.19)代入式(2.14),并利用式(2.13),得到

$$X_0^{-(n+1),m} = (1-e^2)^{-(n-1/2)}\left(\frac{e}{2}\right)^m \begin{bmatrix} n-1 \\ m \end{bmatrix} F\left(\frac{m-n+1}{2},\frac{m-n+2}{2},m+1;e^2\right)$$

$$= (1-e^2)^{-(n-1/2)}\left(\frac{e}{2}\right)^m \sum_{l=0}^{[(n-1-m)/2]} \frac{(n-1)!}{(m+l)!l!(n-m-1-2l)!}\left(\frac{e}{2}\right)^{2l} \tag{2.20}$$

另外,式(2.8)可写为

$$X_0^{-(n+1),m} = (1-e^2)^{-(n-1/2)}\left(\frac{e}{2}\right)^m \sum_{l=0}^{[(n-1-m)/2]} \begin{bmatrix} n-1 \\ m+2l \end{bmatrix}\begin{bmatrix} m+2l \\ l \end{bmatrix}\left(\frac{e}{2}\right)^{2l}$$

$$= (1-e^2)^{-(n-1/2)}\left(\frac{e}{2}\right)^m \sum_{l=0}^{[(n-1-m)/2]} \frac{(n-1)!}{l!(m+l)!(n-1-m-2l)!}\left(\frac{e}{2}\right)^{2l} \tag{2.21}$$

因此,式(2.8)和(2.14)两者相同。

2.3　Legendre 多项式表达式

根据超几何级数的 Legendre 多项式表达式:

$$F(a,b,a-b+1;\beta^2) = \Gamma(a-b+1)\beta^{b-a}(1-\beta^2)^{-b}P_{-b}^{b-a}\left(\frac{1+\beta^2}{1-\beta^2}\right) \tag{2.22}$$

其中,$\Gamma(\cdot)$是 Gamma 函数,$P_{-b}^{b-a}(\cdot)$是缔合 Legendre 多项式。

将式(2.22)代入式(2.10)和(2.11),McClain 给出了 $X_0^{n,m}$ 和 $X_0^{-(n+1),m}$ 的 Legendre 多项式表达式[4]:

$$X_0^{-(n+1),m} = \frac{(n-1)!}{(n+m-1)!}x^n P_{n-1}^m(x) \tag{2.23}$$

$$X_0^{n,m} = (-1)^m x^{-(n+1)}\frac{(n-m+1)!}{(n+1)!}P_{n+1}^m(x) \tag{2.24}$$

其中,

$$x = \frac{1 + \beta^2}{1 - \beta^2} \tag{2.25}$$

需要说明的是:

(1) 这里的缔合 Legendre 多项式的定义为

$$P_n^m(x) = \frac{1}{2^n n!}(x^2 - 1)^{m/2}\frac{d^{n+m}}{dx^{n+m}}(x^2 - 1)^n, \quad 1 < x < \infty \tag{2.26}$$

与通常的定义不一样。

(2) Cook 也给出了这样的 $X_0^{n,m}$ 和 $X_0^{-(n+1),m}$ 的 Legendre 多项式表达式[5],但是在式(2.24)中少了 $(-1)^m$。McClain 指出[4],这是由于使用的缔合 Legendre 多项式的定义不同而引起的。

2.4　Laplace 系数表达式

利用真近点角 f 作为积分变量,Hansen 系数 $X_0^{n,m}$ 的定义式为[6]

$$X_0^{n,m} = \frac{1}{\sqrt{1 - e^2}}\frac{1}{2\pi}\int_0^{2\pi}\left(\frac{r}{a}\right)^{n+2}\exp(jmf)df \tag{2.27}$$

利用 Hansen 给出的表达式[6,7]

$$\frac{r}{a} = \frac{(1 - e^2)(1 + \beta^2)}{(1 + \beta\xi)(1 + \beta\xi^{-1})} \tag{2.28}$$

其中,

$$\xi = \exp(jf), \quad \beta = \frac{e}{1 + \sqrt{1 - e^2}} \tag{2.29}$$

Laskar 得到 $\left(\frac{r}{a}\right)^{n+2}$ 的 Laplace 系数表达式[6]:

$$\left(\frac{r}{a}\right)^{n+2} = (1 - e^2)^{n+2}(1 + \beta^2)^{n+2}\frac{1}{2}\sum_{k=-\infty}^{\infty}b_{n+2}^{(k)}(-\beta)\xi^k \tag{2.30}$$

式(2.30)中,$b_s^{(k)}(\alpha)$ 为经典 Laplace 系数,其定义为

$$(1 - \alpha z)^{-s}(1 - \alpha z^{-1})^{-s} = \frac{1}{2}\sum_{k=-\infty}^{\infty}b_s^{(k)}(\alpha)z^k \tag{2.31}$$

Laplace 系数有如下性质:

$$b_s^{(k)}(-\alpha) = (-1)^k b_s^{(k)}(\alpha), \quad b_s^{(-k)}(\alpha) = b_s^{(k)}(\alpha) \tag{2.32}$$

对于 $k \geqslant 0$，Laplace 系数还有超几何级数表达式

$$b_s^{(k)}(\alpha) = \frac{(s)_k}{k!} \alpha^k F(s, s+k, k+1; \alpha^2) \qquad (2.33)$$

其中，对于 $k \geqslant 1$，$(s)_k = s(s+1)\cdots(s+k-1)$；$(s)_0 = 1$。

于是，根据式(2.27)，$X_0^{n,m}$ 的 Laplace 系数表达式即为[6]

$$X_0^{n,m} = \frac{(-1)^m}{2}(1-e^2)^{n+3/2}(1+\beta^2)^{n+2} b_{n+2}^{(m)}(\beta) \qquad (2.34)$$

2.5 $X_0^{n,m}$、$X_0^{-(n+1),m}$ 的递推关系

2.5.1 McClain 递推公式

Legendre 多项式具有下列递推关系[4]：

$$P_{n+1}^m(x) = \frac{1}{n-m+1}\left[(2n+1)x P_n^m(x) - (n+m)P_{n-1}^m(x)\right]$$

$$P_n^{m+1}(x) = \frac{-2mx}{\sqrt{x^2-1}} P_n^m(x) + (n-m+1)(n+m)P_n^{m-1}(x) \qquad (2.35)$$

$$P_{n+1}^m(x) = P_{n-1}^m(x) + (2n+1)(x^2-1)^{1/2} P_n^{m-1}(x)$$

$$P_n^m(x) = \frac{1}{x}\left[P_{n-1}^m(x) + (n-m+1)(x^2-1)^{1/2} P_n^{m-1}(x)\right]$$

同时，利用式(2.23)，可以得到下列关系式：

$$P_{n-1}^m(x) = X_0^{-(n+1),m} \frac{(n+m-1)!}{(n-1)!} x^{-n}$$

$$P_n^m(x) = \frac{(n+m)}{nx} X_0^{-(n+2),m} \frac{(n+m-1)!}{(n-1)!} x^{-n}$$

$$P_{n+1}^m(x) = \frac{(n+m+1)(n+m)}{n(n+1)x^2} X_0^{-(n+3),m} \frac{(n+m-1)!}{(n-1)!} x^{-n}$$

$$P_n^{m+1}(x) = (n+m+1) X_0^{-(n+2),m+1} \frac{(n+m)!}{n!} x^{-n-1} \qquad (2.36)$$

$$P_n^{m-1}(x) = \frac{1}{n+m} X_0^{-(n+2),m-1} \frac{(n+m)!}{n!} x^{-n-1}$$

$$x^2 = (1-e^2)^{-1}, \quad \frac{x}{\sqrt{x^2-1}} = \frac{1}{e}$$

将式(2.36)代入式(2.35),McClain 得到 $X_0^{-(n+1),m}$ 的递推关系式[4]:

$$X_0^{-(n+1),m} = \frac{(n-1)(1-e^2)^{-1}}{(n+m-1)(n-m-1)} \left[(2n-3) X_0^{-n,m} - (n-2) X_0^{-(n-1),m} \right]$$

$$(2.37)$$

$$X_0^{-(n+1),m+1} = \frac{1}{n+m} \left[-\frac{2m}{e} X_0^{-(n+1),m} + (n-m) X_0^{-(n+1),m-1} \right] \qquad (2.38)$$

$$X_0^{-(n+1),m} = \frac{(n-1)(1-e^2)^{-1}}{(n+m-1)(n+m-2)} \left[(2n-3) e X_0^{-n,m-1} + (n-2) X_0^{-(n-1),m} \right]$$

$$(2.39)$$

$$X_0^{-(n+1),m} = \frac{1}{n+m-1} \left[(n-1) X_0^{-n,m} + (n-m) e X_0^{-(n+1),m-1} \right] \qquad (2.40)$$

需要说明的是,式(2.39)中的系数$(2n-3)$,McClain[4]将其误为$(2n+1)$。当然,利用上述关系式递推时,需要使用

$$X_0^{-(n+1),m} \equiv 0, \quad m \geqslant n \qquad (2.41)$$

如果已知初值 $X_0^{-2,0} = (1-e^2)^{-1/2}$,从 $n=2$ 开始递推,不难看出:由于式(2.37)有$(n-m-1)=0$ 的奇点,式(2.38)有 $e=0$ 的奇点,因而不好使用;式(2.40)在 $m=0$ 时无初值 $X_0^{-(n+1),m-1}$,也不能全程使用;式(2.39)较好,虽然有$(n+m-2)=0$ 的奇点,但是当 $n \geqslant 3$ 时,已经没有奇点,只要递推从 $X_0^{-4,0}$ 开始,递推就没有问题了,当然这需要多给出一些初值,即需要 3 个初值:

$$X_0^{-2,0} = (1-e^2)^{-1/2}, \quad X_0^{-3,0} = (1-e^2)^{-3/2}, \quad X_0^{-3,1} = \frac{e}{2}(1-e^2)^{-3/2}$$

当然,这仍然是一个缺点,我们还需要研究更好的递推方法。

利用式(2.24),可以得到下列关系式:

$$P_{n+1}^m(x) = \frac{n(n+1)x^2}{(n-m+1)(n-m)} X_0^{n,m}(-1)^m x^{n-1} \frac{(n-1)!}{(n-m-1)!}$$

$$P_n^m(x) = \frac{nx}{n-m} X_0^{n-1,m}(-1)^m x^{n-1} \frac{(n-1)!}{(n-m-1)!}$$

$$P_{n-1}^m(x) = X_0^{n-2,m}(-1)^m x^{n-1} \frac{(n-1)!}{(n-m-1)!}$$

$$P_n^{m+1}(x) = -X_0^{n-1,m+1}(-1)^m x^n \frac{n!}{(n-m-1)!}$$

$$P_n^{m-1}(x) = -\frac{1}{(n-m+1)(n-m)} X_0^{n-1,m-1}(-1)^m x^n \frac{n!}{(n-m-1)!}$$

$$(2.42)$$

将式(2.42)代入式(2.35),McClain 得到 $X_0^{n,m}$ 的递推关系式[4]:

$$X_0^{n,m} = \frac{1}{n+1}\left[(2n+1)X_0^{n-1,m} - \frac{(n-m)(n+m)}{n}(1-e^2)X_0^{n-2,m}\right] \tag{2.43}$$

$$X_0^{n,m+1} = \frac{1}{n-m+1}\left[\frac{2m}{e}X_0^{n,m} + (n+m+1)X_0^{n,m-1}\right] \tag{2.44}$$

$$(n+1)X_0^{n,m} = \frac{(n-m)(n-m+1)}{n}(1-e^2)X_0^{n-2,m} - (2n+1)eX_0^{n-1,m-1} \tag{2.45}$$

$$X_0^{n,m} = \frac{n-m+1}{n+1}(1-e^2)X_0^{n-1,m} - eX_0^{n,m-1} \tag{2.46}$$

当然,递推时仍需使用

$$X_0^{n,m} \equiv 0, \quad m > n+1 \tag{2.47}$$

应该说明的是,$X_0^{n,n+1} \neq 0$。根据式(2.5),有

$$X_0^{n,n+1} = (-1)^{n+1}C_{n+1}^{2n+2}\left(\frac{e}{2}\right)^{n+1} \tag{2.48}$$

当然,在摄动计算中,我们只用到 $X_0^{n,n}$,不过在递推时,将用到 $X_0^{n,n+1}$,这是需要注意的。下面,考察递推公式(2.43)~(2.46):

(1) 利用式(2.43)递推时,m 是不变的,由于 $X_0^{n-2,m}$ 的 m 的取值为 $0,1,\cdots,$ $n-1$,对于函数 $X_0^{n,m}$ 来说,还有 $X_0^{n,n}$ 和 $X_0^{n,n+1}$ 两个函数不能用式(2.43)递推得到,还需使用其他公式计算,因此,式(2.43)的递推是不完备的。

(2) 式(2.44)有 e 分母,也不是一个好的递推公式。

(3) 考察式(2.45)和(2.46)的递推过程,不难发现:利用式(2.46)递推,需要递推到 $m=n+1$,而且需要从 $n=3$ 开始;然而,利用式(2.45)递推,从 $n=2$ 开始没有问题,只是数组可能需要增加一维。

2.5.2　Giacaglia 递推公式

利用 Hansen 系数的定义和如下恒等关系:

$$n\left(\frac{r}{a}\right)^{n-1}\frac{e}{\sqrt{1-e^2}}\sin f\exp(\mathrm{j}mf)+\mathrm{j}m\left(\frac{r}{a}\right)^n\exp(\mathrm{j}mf)\sqrt{1-e^2}\left(\frac{a}{r}\right)^2$$

$$=\sum_k X_k^{n,m}\mathrm{j}k\exp(\mathrm{j}kM)$$

$$\left(\frac{r}{a}\right)^{n+1}\frac{a}{r}\exp(\mathrm{j}mf)$$

$$=\frac{1}{1-e^2}\left(\frac{r}{a}\right)^{n+1}\exp(\mathrm{j}mf)$$

$$+\frac{e}{2(1-e^2)}\left(\frac{r}{a}\right)^{n+1}\{\exp[\mathrm{j}(m+1)f]+\exp[\mathrm{j}(m-1)f]\}$$

$$=\sum_k X_k^{n,m}\exp(\mathrm{j}kM) \tag{2.49}$$

Giacaglia 给出了 $X_k^{n,m}$ 的递推公式[8]:

$$kX_k^{n,m}=\frac{ne}{2\sqrt{1-e^2}}(X_k^{n-1,m-1}-X_k^{n-1,m+1})+m\sqrt{1-e^2}\,X_k^{n-2,m} \tag{2.50}$$

$$(1-e^2)X_k^{n,m}=X_k^{n+1,m}+\frac{1}{2}e(X_k^{n+1,m+1}+X_k^{n+1,m-1})$$

式(2.50)对所有的 n、m 和 k 均成立。特别当 $k=0$ 时,有

$$X_0^{n,m}=\frac{(n+2)e}{2m(1-e^2)}(X_0^{n+1,m+1}-X_0^{n+1,m-1}) \tag{2.51}$$

$$(1-e^2)X_0^{n,m}=X_0^{n+1,m}+\frac{1}{2}e(X_0^{n+1,m+1}+X_0^{n+1,m-1}) \tag{2.52}$$

对于 $n>0$,这两个公式只能从高到低递推,而且式(2.51)还有 $m=0$ 的奇点。如果将式(2.51)和(2.52)中的 $n\Rightarrow-(n+1)$,则有

$$X_0^{-(n+1),m}=\frac{(-n+1)e}{2m(1-e^2)}(X_0^{-n,m+1}-X_0^{-n,m-1}) \tag{2.53}$$

$$(1-e^2)X_0^{-(n+1),m}=X_0^{-n,m}+\frac{1}{2}e(X_0^{-n,m+1}+X_0^{-n,m-1}) \tag{2.54}$$

式(2.53)仍有 $m=0$ 的奇点,而式(2.54)利用初值

$$X_0^{-2,0}=(1-e^2)^{-1/2} \tag{2.55}$$

可以进行递推。当然,在递推时,需要注意:当 $m\geqslant n-1$ 时,$X_0^{-n,m+1}=0$;当 $m=0$ 时,$X_0^{-n,m-1}=X_0^{-n,|m-1|}$。

2.5.3 Laskar 递推公式

Laskar 根据 Laplace 系数的两个递推关系

$$b_{n+1}^{(m)}(\beta) = \frac{(n+m)(1+\beta^2)}{n(1-\beta^2)^2} b_n^{(m)}(\beta) - \frac{2(m-n+1)\beta}{n(1-\beta^2)^2} b_n^{(m+1)}(\beta) \qquad (2.56)$$

$$b_{n+1}^{(m+1)}(\beta) = \frac{m}{m-n}\left(\beta + \frac{1}{\beta}\right)b_{n+1}^{(m)}(\beta) - \frac{m+n}{m-n} b_{n+1}^{(m-1)}(\beta) \qquad (2.57)$$

利用式(2.34)，将式(2.56)和(2.57)即可转换为 $X_0^{n,m}$ 的递推公式[6]：

$$X_0^{n,m} = \frac{n+m+1}{n+1} X_0^{n-1,m} + \frac{m-n}{n+1} e X_0^{n-1,m+1} \qquad (2.58)$$

$$X_0^{n,m+1} = -\frac{2}{e}\frac{m}{m-n-1} X_0^{n,m} - \frac{m+n+1}{m-n-1} X_0^{n,m-1} \qquad (2.59)$$

式(2.59)与式(2.44)相同，不是新的；式(2.58)是新增的，而且公式非常简单。但是，计算 $X_0^{n,n}$ 时，虽然 $X_0^{n-1,n+1}=0$，但仍需函数 $X_0^{n-1,n}$，而且 $X_0^{n,n+1}$ 不能通过式(2.58)递推出来，需要利用式(2.48)计算。

2.5.4 利用超几何级数建立的递推公式

回顾以上递推公式，我们认识到，如果有递推关系

$$A_1 X_0^{n+1,m} + A_2 X_0^{n,m} + A_3 X_0^{n,m-1} = 0$$

$$B_1 X_0^{-(n+1),m} + B_2 X_0^{-n,m} + B_3 X_0^{-n,m-1} = 0$$

从同样的初值出发，递推过程就非常简单。但是，在已知的递推关系中没有这样的递推公式。

不过，这样的递推公式可以利用超几何级数的邻次函数关系来建立。下面，我们来建立这种递推关系。

（1）$X_0^{n,m}$ 的递推公式

$X_0^{n,m}$ 的超几何级数表达式为

$$X_0^{n,m} = (1+\beta^2)^{-(n+1)} \binom{n+m+1}{m} (-\beta)^m F(m-n-1, -n-1, m+1; \beta^2)$$

则

$$X_0^{n+1,m} = A_{n+1,m} F(m-n-2, -n-2, m+1; \beta^2)$$
$$X_0^{n,m} = A_{n,m} F(m-n-1, -n-1, m+1; \beta^2) \qquad (2.60)$$
$$X_0^{n,m-1} = A_{n,m-1} F(m-n-2, -n-1, m; \beta^2)$$

其中,

$$A_{n+1,m} = \frac{n+m+2}{(1+\beta^2)(n+2)}(1+\beta^2)^{-(n+1)}\frac{(n+m+1)!}{(n+1)! \, m!}(-\beta)^m$$

$$A_{n,m} = (1+\beta^2)^{-(n+1)}\frac{(n+m+1)!}{(n+1)! \, m!}(-\beta)^m \qquad (2.61)$$

$$A_{n,m-1} = -\frac{m}{(n+m+1)\beta}(1+\beta^2)^{-(n+1)}\frac{(n+m+1)!}{(n+1)! \, m!}(-\beta)^m$$

不难看出,需要建立邻次函数关系为

$$A_1 F(a-1, b-1) + A_2 F + A_3 F(a-1, c-1) = 0 \qquad (2.62)$$

并有转换关系式

$$F(a-1, b-1) = \frac{(1+\beta^2)(n+2)}{n+m+2}X_0^{n+1,m}$$

$$F = X_0^{n,m} \qquad (2.63)$$

$$F(a-1, c-1) = -\frac{(n+m+1)\beta}{m}X_0^{n,m-1}$$

递推公式(2.62),可以利用 Gauss 的超几何级数的邻次关系得到。

根据 Gauss 的超几何级数的邻次关系[9]

$$[b-1-(c-a-1)z]F + (c-b)F(b-1) - (c-1)(1-z)F(c-1) = 0$$

将上式中的 $a \Rightarrow a-1$,有

$$[b-1-(c-a)z]F(a-1) + (c-b)F(a-1, b-1) - (c-1)(1-z)F(a-1, c-1) = 0 \qquad (2.64)$$

根据 Gauss 的超几何级数的邻次关系[9]

$$(c-a-1)F + aF(a+1) - (c-1)F(c-1) = 0$$

将上式中的 $a \Rightarrow a-1$,有

$$(c-a)F(a-1) + (a-1)F - (c-1)F(a-1, c-1) = 0 \qquad (2.65)$$

将式(2.65)代入式(2.64),消去 $F(a-1)$,即得

$$(c-a)(c-b)F(a-1, b-1)$$

$$-(a-1)[b-1-(c-a)z]F + (a+b-c-1)(c-1)F(a-1, c-1) = 0 \qquad (2.66)$$

进而,将 $a=m-n-1$、$b=-n-1$、$c=m+1$ 和 $z=\beta^2$ 代入式(2.66),有

$$(n+2)X_0^{n+1,m}+(m-n-2)X_0^{n,m}+(n+m+1)\frac{2\beta}{1+\beta^2}X_0^{n,m-1}=0 \quad (2.67)$$

由于 $2\beta/(1+\beta^2)=e$,上式即为递推公式:

$$X_0^{n+1,m}=\frac{1}{n+2}\left[(n-m+2)X_0^{n,m}-(n+m+1)eX_0^{n,m-1}\right] \quad (2.68)$$

(2) $X_0^{-(n+1),m}$ 的递推公式

$X_0^{-(n+1),m}$ 的超几何级数表达式为

$$X_0^{-(n+1),m}=(1-\beta^2)^{-(n-1)}\cos^{-n}\phi\begin{pmatrix}n-1\\m\end{pmatrix}\beta^m F(m-n+1,1-n,m+1;\beta^2)$$

这时,有

$$X_0^{-(n+1),m}=A_{n+1,m}F(a-1,b-1)$$
$$X_0^{-n,m}=A_{n,m}F \quad\quad (2.69)$$
$$X_0^{-n,m-1}=A_{n,m-1}F(a-1,c-1)$$

其中,

$$A_{n+1,m}=\frac{n-1}{(1-\beta^2)\cos\phi(n-m-1)}(1-\beta^2)^{-(n-2)}\cos^{-n+1}\phi\frac{(n-2)!}{(n-2-m)!\,m!}\beta^m$$

$$A_{n,m}=(1-\beta^2)^{-(n-2)}\cos^{-n+1}\phi\frac{(n-2)!}{(n-2-m)!\,m!}\beta^m$$

$$A_{n,m-1}=\frac{m}{(n-m-1)\beta}(1-\beta^2)^{-(n-2)}\cos^{-n+1}\phi\frac{(n-2)!}{(n-2-m)!\,m!}\beta^m$$

$$(2.70)$$

需要的超几何级数的邻次关系仍是式(2.62),即

$$A_1F(a-1,b-1)+A_2F+A_3F(a-1,c-1)=0$$

只是相应的系数关系变为 $a=m-n+2$、$b=2-n$、$c=m+1$ 和 $z=\beta^2$,将其代入式(2.66),并利用转换关系式

$$F(a-1,b-1)=\frac{(1-\beta^2)\cos\phi(n-m-1)}{n-1}X_0^{-(n+1),m}$$

$$F=X_0^{-n,m} \quad\quad (2.71)$$

$$F(a-1,c-1)=\frac{(n-m-1)\beta}{m}X_0^{-n,m-1}$$

有

$$(n+m-1)\frac{(1-\beta^2)\cos\phi}{(n-1)(1+\beta^2)}X_0^{-(n+1),m} - X_0^{-n,m} - \frac{2\beta}{1+\beta^2}X_0^{-n,m-1} = 0 \quad (2.72)$$

即得递推公式：

$$\frac{n+m-1}{n-1}(1-e^2)X_0^{-(n+1),m} = X_0^{-n,m} + eX_0^{-n,m-1} \quad (2.73)$$

这样，利用超几何级数，我们就得到两个递推公式(2.68)和(2.73)，加上递推初值和指标的递推范围，完整的递推公式为[10]

对于 $X_0^{n,m}$，

$$X_0^{n+1,m} = \frac{1}{n+2}\left[(n-m+2)X_0^{n,m} - (n+m+1)eX_0^{n,m-1}\right] \quad (2.74)$$

$$X_0^{0,0} = 1, \quad X_0^{0,1} = -e \quad (n=0,1,\cdots; m=0,1,\cdots,n+2)$$

对于 $X_0^{-(n+1),m}$，

$$\frac{n+m-1}{n-1}(1-e^2)X_0^{-(n+1),m} = X_0^{-n,m} + eX_0^{-n,m-1} \quad (2.75)$$

$$X_0^{-2,0} = (1-e^2)^{-1/2} \quad (n=2,3,\cdots; m=0,1,\cdots,n-1)$$

2.5.5　摄动计算中所用的 $X_0^{n,m}$ 的递推公式

在卫星动力学中，有两种偏心率函数，它们与 Hansen 系数 $X_k^{n,m}$ 的关系为[11,12]

$$G_{lpq}(e) = X_{l-2p+q}^{-(l+1),l-2p}$$

$$H_{lpq}(e) = X_{l-2p+q}^{l,l-2p}$$

与 $X_0^{n,m}$ 相关的偏心率函数为 $G_{lp(2p-l)}$ 和 $H_{lp(2p-l)}$，即卫星动力学中只需计算 $m = l-2p$ 的 Hansen 系数，比上面递推计算的 $X_0^{n,m}$ 少一半。因此，有人研究 $G_{lp(2p-l)}$ 和 $H_{lp(2p-l)}$ 的递推计算，希望计算出来的偏心率函数均是有用的。

Vakhidov 对于 $X_0^{n,m}(n>0)$ 的情况，给出 3 个递推公式[13]：

$$2e(n+3)X_0^{n+2,m-2} = \left[4(1-m) - e^2(9-3m+2n)\right]X_0^{n+1,m-1}$$
$$+ e^2(m-5-2n)X_0^{n+1,m+1} + 2e(n+3)(1-e^2)X_0^{n,m} \quad (m=-n) \quad (2.76)$$

$$2(n+3)X_0^{n+2,m} = e(-m-5-2n)X_0^{n+1,m-1} + e(m-5-2n)X_0^{n+1,m+1}$$
$$+ 2(1-e^2)(n+3)X_0^{n,m} \quad (m\neq\pm n) \quad (2.77)$$

$$2e(n+3)X_0^{n+2,m+2} = \left[4(1+m) - e^2(9+3m+2n)\right]X_0^{n+1,m+1}$$
$$- e^2(m+5+2n)X_0^{n+1,m-1} + 2e(n+3)(1-e^2)X_0^{n,m} \quad (m=n) \quad (2.78)$$

Vakhidov 没有明说式(2.77)对于 $m = \pm n$ 不成立,由于是计算机推导,也没有利用 $X_0^{n+2,-(n+2)} = X_0^{n+2,n+2}$ 的条件,列出了(2.76)和(2.78)两个有 e 分母的公式。因此,这组公式不是很好的公式。

实际上,式(2.77)只要稍作改变,就可适用于 $m = \pm n$ 的情况。利用式(2.51),有

$$X_0^{n+1,m+1} = \frac{2m(1-e^2)}{(n+2)e} X_0^{n,m} + X_0^{n+1,m-1} \tag{2.79}$$

将其代入式(2.77),即得

$$X_0^{n+2,m} = \frac{(n-m+2)(n-m+3)}{(n+2)(n+3)}(1-e^2) X_0^{n,m} - \frac{2n+5}{n+3} e X_0^{n+1,m-1} \tag{2.80}$$

式(2.80)就是可以适用于 $-n-2 \leqslant m \leqslant n+2$ 的递推(从低到高)公式。实际上,式(2.80)与式(2.45)是相同的。而对于 $X_0^{-(n+1),m}$,递推公式就是式(2.39)。给出初值和指标的取值范围,相应的递推过程如下文所示。

(1) 对于 $X_0^{n,m}$

递推公式为

$$X_0^{n+2,m} = \frac{(n-m+2)(n-m+3)}{(n+2)(n+3)}(1-e^2) X_0^{n,m} - \frac{2n+5}{n+3} e X_0^{n+1,m-1}$$

$$[n = 0,1,\cdots; m = \mathrm{mod}(n,2), \mathrm{mod}(n,2)+2, \cdots, n+2]$$

$$\tag{2.81}$$

初值为

$$X_0^{0,0} = 1, \quad X_0^{1,1} = -\frac{3}{2}e \tag{2.82}$$

在递推时,需要注意:当 $m > n+1$ 时,$X_0^{n,m} \equiv 0$;当 $m = 0$ 时,$X_0^{n+1,m-1} = X_0^{n+1,|m-1|}$。

(2) 对于 $X_0^{-(n+1),m}$

递推公式为

$$X_0^{-(n+1),m} = \frac{(n-1)(1-e^2)^{-1}}{(n+m-1)(n+m-2)} \big[(2n-3) e X_0^{-n,m-1} + (n-2) X_0^{-(n-1),m} \big]$$

$$[n = 3,4,\cdots; m = \mathrm{mod}(n,2), \mathrm{mod}(n,2)+2, \cdots, n-2]$$

$$\tag{2.83}$$

初值为

$$X_0^{-3,0} = (1-e^2)^{-3/2} \tag{2.84}$$

当然,递推时仍需记住当 $m \geqslant n$ 时,$X_0^{-(n+1),m} \equiv 0$;当 $m = 0$ 时,$X_0^{-n,m-1}$

$$= X_0^{-n, |m-1|} \text{。}$$

以上递推过程比 Vakhidov[13] 方法要简单得多,而且没有奇点,计算得到的所有结果均是摄动计算所需的,没有无用的"中间函数",给定阶次 N 后,一次调用,就可将所需的偏心率函数均计算出来。若将结果记在一个二维数组 $X(0:N, 0:N)$ 之中,则偏心率函数为

$$G_{lp(2p-l)} = X(l+1, |l-2p|)$$
$$H_{lp(2p-l)} = X(l, |l-2p|)$$

(2.85)

2.6 $X_0^{n,m}$、$X_0^{-(n+1),m}$ 及其导数的计算

2.6.1 直接计算方法

利用 $X_0^{n,m}$ 和 $X_0^{-(n+1),m}$ 的级数表达式,并对其微分,即可得到计算 $X_0^{n,m}$ 和 $X_0^{-(n+1),m}$ 及其导数的公式:

$$X_0^{n,m} = \left(-\frac{e}{2}\right)^m \sum_{l=0}^{[(n+1-m)/2]} \binom{n+1+m}{m} \binom{2l}{l} \binom{n+1-m}{2l} \left[\binom{l+m}{m}\right]^{-1} \left(\frac{e}{2}\right)^{2l}$$

$$\frac{dX_0^{n,m}}{de} = \left(-\frac{e}{2}\right)^m \sum_{l=0}^{[(n+1-m)/2]} \binom{n+1+m}{m} \binom{2l}{l} \binom{n+1-m}{2l} \left[\binom{l+m}{m}\right]^{-1} \frac{m+2l}{2} \left(\frac{e}{2}\right)^{2l-1}$$

(2.86)

$$X_0^{-(n+1),m} = (1-e^2)^{-(n-1/2)} \sum_{k=0}^{[(n-1-m)/2]} \binom{n-1}{m+2k} \binom{m+2k}{k} \left(\frac{e}{2}\right)^{m+2k}$$

$$\frac{dX_0^{-(n+1),m}}{de} = 2e\left(n-\frac{1}{2}\right)(1-e^2)^{-(n+1/2)} \sum_{k=0}^{[(n-1-m)/2]} \binom{n-1}{m+2k} \binom{m+2k}{k} \left(\frac{e}{2}\right)^{m+2k}$$

$$+ (1-e^2)^{-(n-1/2)} \sum_{k=0}^{[(n-1-m)/2]} \binom{n-1}{m+2k} \binom{m+2k}{k} \frac{m+2k}{2} \left(\frac{e}{2}\right)^{m+2k-1}$$

(2.87)

由于式(2.86)和(2.87)均为有限级数,也不是交错级数,计算不会有问题,只是计算时间较长而已。

2.6.2　递推计算方法

在摄动计算中,还需计算 $X_0^{n,m}$、$X_0^{-(n+1),m}$ 的导数,计算导数可以与计算 $X_0^{n,m}$、$X_0^{-(n+1),m}$ 同时完成,下面分四种情况介绍。前两种方法计算所有的 $X_0^{n,m}$ 和 $X_0^{-(n+1),m}$,有许多"中间函数",而后两种方法无"中间函数",只计算对摄动计算有用的偏心率函数,但公式较复杂。我们还将在后面 2.8 节中,进一步比较这些方法的计算效率。

(1) $X_0^{n,m}$ 及其导数的全程递推计算

利用式(2.74),并对其微分,即可得到 $X_0^{n,m}$ 及其导数同时递推的公式:

$$X_0^{n+1,m} = \frac{1}{n+2}\Big[(n-m+2)X_0^{n,m} - (n+m+1)eX_0^{n,m-1}\Big]$$

$$\frac{\mathrm{d}X_0^{n+1,m}}{\mathrm{d}e} = \frac{1}{n+2}\Big[(n-m+2)\frac{\mathrm{d}X_0^{n,m}}{\mathrm{d}e} - (n+m+1)e\frac{\mathrm{d}X_0^{n,m-1}}{\mathrm{d}e} - (n+m+1)X_0^{n,m-1}\Big]$$

$$X_0^{0,0} = 1, \quad X_0^{0,1} = -e$$

$$\frac{\mathrm{d}X_0^{0,0}}{\mathrm{d}e} = 0, \quad \frac{\mathrm{d}X_0^{0,1}}{\mathrm{d}e} = -1, \quad (n=0,1,\cdots,N-1; m=0,1,\cdots,n+2)$$

$$\tag{2.88}$$

(2) $X_0^{-(n+1),m}$ 及其导数的全程递推计算

利用式(2.75),并对其微分,即可得到 $X_0^{-(n+1),m}$ 及其导数同时递推的公式:

$$\frac{n+m-1}{n-1}(1-e^2)X_0^{-(n+1),m} = X_0^{-n,m} + eX_0^{-n,m-1}$$

$$\frac{n+m-1}{n-1}(1-e^2)\frac{\mathrm{d}X_0^{-(n+1),m}}{\mathrm{d}e}$$

$$= \frac{\mathrm{d}X_0^{-n,m}}{\mathrm{d}e} + e\frac{\mathrm{d}X_0^{-n,m-1}}{\mathrm{d}e} + 2e\frac{n+m-1}{n-1}X_0^{-(n+1),m} + X_0^{-n,m-1} \tag{2.89}$$

$$X_0^{-2,0} = (1-e^2)^{-1/2}, \quad \frac{\mathrm{d}X_0^{-2,0}}{\mathrm{d}e} = e(1-e^2)^{-3/2}$$

$$(n=2,3,\cdots,N; m=0,1,\cdots,n-1)$$

(3) 摄动计算有用的 $X_0^{n,m}$ 及其导数的递推计算

利用式(2.81),并对其微分,即可得到摄动计算中有用的 $X_0^{n,m}$ 及其导数同时递推的公式:

$$X_0^{n+2,m} = \frac{(n-m+2)(n-m+3)}{(n+2)(n+3)}(1-e^2)X_0^{n,m} - \frac{2n+5}{n+3}eX_0^{n+1,m-1}$$

$$\frac{\mathrm{d}X_0^{n+2,m}}{\mathrm{d}e} = \frac{(n-m+2)(n-m+3)}{(n+2)(n+3)}(1-e^2)\frac{\mathrm{d}X_0^{n,m}}{\mathrm{d}e} - \frac{2n+5}{n+3}e\frac{\mathrm{d}X_0^{n+1,m-1}}{\mathrm{d}e}$$

$$-2e\frac{(n-m+2)(n-m+3)}{(n+2)(n+3)}X_0^{n,m} - \frac{2n+5}{n+3}X_0^{n+1,m-1}$$

$$X_0^{0,0} = 1, \quad X_0^{1,1} = -\frac{3}{2}e, \quad \frac{\mathrm{d}X_0^{0,0}}{\mathrm{d}e} = 0, \quad \frac{\mathrm{d}X_0^{1,1}}{\mathrm{d}e} = -\frac{3}{2}$$

$$[n=0,1,\cdots,N-2; m=\mathrm{mod}(n,2),\mathrm{mod}(n,2)+2,\cdots,n+2] \tag{2.90}$$

（4）摄动计算有用的 $X_0^{-(n+1),m}$ 及其导数的递推计算

利用式(2.83)，并对其微分，即可得到摄动计算中有用的 $X_0^{-(n+1),m}$ 及其导数同时递推的公式：

$$X_0^{-(n+1),m} = \frac{(n-1)(1-e^2)^{-1}}{(n+m-1)(n+m-2)}\left[(2n-3)eX_0^{-n,m-1} + (n-2)X_0^{-(n-1),m}\right]$$

$$(1-e^2)\frac{\mathrm{d}X_0^{-(n+1),m}}{\mathrm{d}e} = 2eX_0^{-(n+1),m} + \frac{n-1}{(n+m-1)(n+m-2)}$$

$$\times\left[(2n-3)X_0^{-n,m-1} + (2n-3)e\frac{\mathrm{d}X_0^{-n,m-1}}{\mathrm{d}e} + (n-2)\frac{\mathrm{d}X_0^{-(n-1),m}}{\mathrm{d}e}\right]$$

$$X_0^{-3,0} = (1-e^2)^{-3/2}, \quad \frac{\mathrm{d}X_0^{-3,0}}{\mathrm{d}e} = 3e(1-e^2)^{-5/2}$$

$$[n=3,4,\cdots,N; m=\mathrm{mod}(n,2),\mathrm{mod}(n,2)+2,\cdots,n-2]$$

$$\tag{2.91}$$

当然，在以上计算中，应先计算 $X_0^{n,m}$ 和 $X_0^{-(n+1),m}$，再计算其导数。

2.7 无奇点摄动理论中的 $X_0^{n,m}$、$X_0^{-(n+1),m}$ 计算

在卫星动力学中，为了消去摄动运动方程的奇点，需要采用无奇点根数。例如，采用下面的无奇点根数：

$$a, \quad h = e\sin(\omega+\Omega), \quad k = e\cos(\omega+\Omega) \tag{2.92}$$

$$\xi = \tan(i/2)\sin\Omega, \quad \eta = \tan(i/2)\cos\Omega, \quad \lambda = M+\omega+\Omega$$

这时，在摄动表达式中出现的就不是 $X_0^{n,m}$ 和 $X_0^{-(n+1),m}$ 本身，而是 $Y_0^{n,m}$ 和

$Y_0^{-(n+1),m}$,其定义为

$$X_0^{n,m} = e^{|m|} Y_0^{n,m}$$
$$X_0^{-(n+1),m} = e^{|m|} Y_0^{-(n+1),m}$$

(2.93)

由于 $Y_0^{n,m}$ 和 $Y_0^{-(n+1),m}$ 中出现的偏心率,均以 e^2 的形式出现,因此在计算导数时,可以先计算对 e^2 的导数,再利用下式计算对 e 的导数:

$$\frac{\mathrm{d} Y_0^{n,m}}{\mathrm{d} e} = 2e \frac{\mathrm{d} Y_0^{n,m}}{\mathrm{d} e^2}$$

(2.94)

$$\frac{\mathrm{d} Y_0^{-(n+1),m}}{\mathrm{d} e} = 2e \frac{\mathrm{d} Y_0^{-(n+1),m}}{\mathrm{d} e^2}$$

2.7.1 直接计算方法

由式(2.86)和(2.87),根据定义式(2.93),有

$$Y_0^{n,m} = \left(-\frac{1}{2}\right)^m \sum_{l=0}^{[(n+1-m)/2]} \binom{n+1+m}{m} \binom{2l}{l} \binom{n+1-m}{2l} \left[\binom{l+m}{m}\right]^{-1} \left(\frac{1}{2}\right)^{2l} e^{2l}$$

$$\frac{\mathrm{d} Y_0^{n,m}}{\mathrm{d} e^2} = \left(-\frac{1}{2}\right)^m \sum_{l=0}^{[(n+1-m)/2]} \binom{n+1+m}{m} \binom{2l}{l} \binom{n+1-m}{2l} \left[\binom{l+m}{m}\right]^{-1} \left(\frac{1}{2}\right)^{2l} l e^{2(l-1)}$$

(2.95)

$$Y_0^{-(n+1),m} = (1-e^2)^{-(n-1/2)} \frac{1}{2^m} \sum_{k=0}^{[(n-1-m)/2]} \binom{n-1}{m+2k} \binom{m+2k}{k} \left(\frac{e}{2}\right)^{2k}$$

$$\frac{\mathrm{d} Y_0^{-(n+1),m}}{\mathrm{d} e^2} = \left(n-\frac{1}{2}\right) (1-e^2)^{-(n+1/2)} \frac{1}{2^m} \sum_{k=0}^{[(n-1-m)/2]} \binom{n-1}{m+2k} \binom{m+2k}{k} \left(\frac{e}{2}\right)^{2k}$$
$$+ \frac{(1-e^2)^{-(n-1/2)}}{4} \frac{1}{2^m} \sum_{k=1}^{[(n-1-m)/2]} \binom{n-1}{m+2k} \binom{m+2k}{k} k \left(\frac{e}{2}\right)^{2(k-1)}$$

(2.96)

式(2.95)和(2.96),比式(2.86)和(2.87)更加简单,计算不会有问题。

2.7.2 递推计算方法

下面介绍 $Y_0^{n,m}$ 和 $Y_0^{-(n+1),m}$ 及其导数的同时递推计算方法。我们仍以式 (2.74)、(2.75)、(2.81)、(2.83)为基础,分四种情况介绍这种计算方法。

(1) $Y_0^{n,m}$ 及其导数的全程递推计算

将式(2.93)代入式(2.74),得

$$e^{|m|} Y_0^{n+1,m} = \frac{1}{n+2}\left[(n-m+2)e^{|m|} Y_0^{n,m} - (n+m+1)ee^{|m-1|} Y_0^{n,m-1}\right]$$

(2.97)

对于 $m \neq 0$,有

$$Y_0^{n+1,m} = \frac{1}{n+2}\left[(n-m+2) Y_0^{n,m} - (n+m+1) Y_0^{n,m-1}\right]$$

对于 $m = 0$,有

$$Y_0^{n+1,m} = \frac{1}{n+2}\left[(n-m+2) Y_0^{n,m} - (n+m+1)e^2 Y_0^{n,m-1}\right]$$

于是,有递推公式:

$$Y_0^{n+1,0} = Y_0^{n,0} - \frac{n+1}{n+2}e^2 Y_0^{n,1} \qquad (m=0)$$

$$\frac{\mathrm{d}Y_0^{n+1,0}}{\mathrm{d}e^2} = \frac{\mathrm{d}Y_0^{n,0}}{\mathrm{d}e^2} - \frac{n+1}{n+2}\left(e^2 \frac{\mathrm{d}Y_0^{n,1}}{\mathrm{d}e^2} + Y_0^{n,1}\right) \qquad (m=0)$$

$$Y_0^{n+1,m} = \frac{n-m+2}{n+2} Y_0^{n,m} - \frac{n+m+1}{n+2} Y_0^{n,m-1} \qquad (m\neq0)$$

$$\frac{\mathrm{d}Y_0^{n+1,m}}{\mathrm{d}e^2} = \frac{n-m+2}{n+2}\frac{\mathrm{d}Y_0^{n,m}}{\mathrm{d}e^2} - \frac{n+m+1}{n+2}\frac{\mathrm{d}Y_0^{n,m-1}}{\mathrm{d}e^2} \quad (m\neq0)$$

$$Y_0^{0,0} = 1, \quad Y_0^{0,1} = -1$$

$$\frac{\mathrm{d}Y_0^{0,0}}{\mathrm{d}e^2} = 0, \quad \frac{\mathrm{d}Y_0^{0,1}}{\mathrm{d}e^2} = 0 \quad (n=0,1,\cdots,N-1; m=0,1,\cdots,n+2)$$

(2.98)

(2) $Y_0^{-(n+1),m}$ 及其导数的全程递推计算

将式(2.93)代入式(2.75),有

$$(1-e^2)Y_0^{-(n+1),0} = Y_0^{-n,0} + e^2 Y_0^{-n,1} \quad (m=0)$$

$$(1-e^2)\frac{\mathrm{d}Y_0^{-(n+1),0}}{\mathrm{d}e^2} = \frac{\mathrm{d}Y_0^{-n,0}}{\mathrm{d}e^2} + e^2 \frac{\mathrm{d}Y_0^{-n,1}}{\mathrm{d}e^2} + Y_0^{-n,1} + Y_0^{-(n+1),0} \quad (m=0)$$

$$(1-e^2)Y_0^{-(n+1),m} = \frac{n-1}{n+m-1}(Y_0^{-n,m} + Y_0^{-n,m-1}) \quad (m\neq 0)$$

$$(1-e^2)\frac{\mathrm{d}Y_0^{-(n+1),m}}{\mathrm{d}e^2} = \frac{n-1}{n+m-1}\left(\frac{\mathrm{d}Y_0^{-n,m}}{\mathrm{d}e^2} + \frac{\mathrm{d}Y_0^{-n,m-1}}{\mathrm{d}e^2}\right) + Y_0^{-(n+1),m} \quad (m\neq 0)$$

$$Y_0^{-2,0} = (1-e^2)^{-1/2}, \quad \frac{\mathrm{d}Y_0^{-2,0}}{\mathrm{d}e^2} = \frac{1}{2}(1-e^2)^{-3/2}, \quad (n=2,3,\cdots,N; m=0,1,\cdots,n-1)$$

$$(2.99)$$

递推时，仍需记住，当 $m \geqslant n-1$ 时，$Y_0^{-n,m} \equiv 0$，$\dfrac{\mathrm{d}Y_0^{-n,m}}{\mathrm{d}e^2} \equiv 0$。

(3) 摄动计算中所用的 $Y_0^{n,m}$ 及其导数的递推计算

利用式(2.81)，根据以上同样的推导，有

$$Y_0^{n+2,0} = (1-e^2)Y_0^{n,0} - \frac{2n+5}{n+3}e^2 Y_0^{n+1,1} \quad (m=0)$$

$$\frac{\mathrm{d}Y_0^{n+2,0}}{\mathrm{d}e^2} = (1-e^2)\frac{\mathrm{d}Y_0^{n,0}}{\mathrm{d}e^2} - Y_0^{n,0} - \frac{2n+5}{n+3}\left(e^2 \frac{\mathrm{d}Y_0^{n+1,1}}{\mathrm{d}e^2} + Y_0^{n+1,1}\right) \quad (m=0)$$

$$Y_0^{n+2,m} = \frac{(n-m+2)(n-m+3)}{(n+2)(n+3)}(1-e^2)Y_0^{n,m} - \frac{2n+5}{n+3}Y_0^{n+1,m-1} \quad (m\neq 0)$$

$$\frac{\mathrm{d}Y_0^{n+2,m}}{\mathrm{d}e^2} = \frac{(n-m+2)(n-m+3)}{(n+2)(n+3)}\left[(1-e^2)\frac{\mathrm{d}Y_0^{n,m}}{\mathrm{d}e^2} - Y_0^{n,m}\right]$$

$$- \frac{2n+5}{n+3}\frac{\mathrm{d}Y_0^{n+1,m-1}}{\mathrm{d}e^2} \quad (m\neq 0)$$

$$Y_0^{0,0} = 1, \quad Y_0^{1,1} = -\frac{3}{2}, \quad \frac{\mathrm{d}Y_0^{0,0}}{\mathrm{d}e^2} = 0, \quad \frac{\mathrm{d}Y_0^{1,1}}{\mathrm{d}e^2} = 0$$

$$[n=0,1,\cdots,N-2; m=\mathrm{mod}(n,2),\mathrm{mod}(n,2)+2,\cdots,n+2] \quad (2.100)$$

(4) 摄动计算中所用的 $Y_0^{-(n+1),m}$ 及其导数的递推计算

将式(2.93)代入式(2.83)，即有

$$(1-e^2)Y_0^{-(n+1),0} = \frac{1}{n-2}\left[(2n-3)e^2 Y_0^{-n,1} + (n-2)Y_0^{-(n-1),0}\right] \quad (m=0)$$

$$(1-e^2)\frac{\mathrm{d}Y_0^{-(n+1),0}}{\mathrm{d}e^2} = \frac{2n-3}{n-2}\left(e^2 \frac{\mathrm{d}Y_0^{-n,1}}{\mathrm{d}e^2} + Y_0^{-n,1}\right) + \frac{\mathrm{d}Y_0^{-(n-1),0}}{\mathrm{d}e^2} + Y_0^{-(n+1),0} \quad (m=0)$$

$$(1-e^2)Y_0^{-(n+1),m} = \frac{n-1}{(n+m-1)(n+m-2)}$$

$$\times\left[(2n-3)Y_0^{-n,m-1}+(n-2)Y_0^{-(n-1),m}\right]\quad(m\neq0)$$

$$(1-e^2)\frac{\mathrm{d}Y_0^{-(n+1),m}}{\mathrm{d}e^2}=\frac{n-1}{(n+m-1)(n+m-2)}$$

$$\times\left[(2n-3)\frac{\mathrm{d}Y_0^{-n,m-1}}{\mathrm{d}e^2}+(n-2)\frac{\mathrm{d}Y_0^{-(n-1),m}}{\mathrm{d}e^2}\right]+Y_0^{-(n+1),m}$$

$$(m\neq0)$$

$$Y_0^{-3,0}=(1-e^2)^{-3/2},\quad\frac{\mathrm{d}Y_0^{-3,0}}{\mathrm{d}e^2}=\frac{3}{2}(1-e^2)^{-5/2}$$

$$[n=3,4,\cdots,N;m=\mathrm{mod}(n,2),\mathrm{mod}(n,2)+2,\cdots,n-2]\tag{2.101}$$

(5) $Y_0^{-(n+1),m}$ 递推的进一步分析

分析 $Y_0^{-(n+1),m}$ 的表达式,因其含有 $(1-e^2)^{-(n-1/2)}$ 的因子,似乎定义

$$Y_0^{-(n+1),m}=(1-e^2)^{-(n-1/2)}Z_0^{-(n+1),m}\tag{2.102}$$

递推函数 $Z_0^{-(n+1),m}$ 会更加方便。为了比较,将式(2.102)代入式(2.99),即可得到关于 $Z_0^{-(n+1),m}$ 的递推公式:

$$Z_0^{-(n+1),0}=Z_0^{-n,0}+e^2Z_0^{-n,1}\quad(m=0)$$

$$\frac{\mathrm{d}Z_0^{-(n+1),0}}{\mathrm{d}e^2}=\frac{\mathrm{d}Z_0^{-n,0}}{\mathrm{d}e^2}+e^2\frac{\mathrm{d}Z_0^{-n,1}}{\mathrm{d}e^2}+Z_0^{-n,1}\quad(m=0)$$

$$\frac{n+m-1}{n-1}Z_0^{-(n+1),m}=Z_0^{-n,m}+Z_0^{-n,m-1}\quad(m\neq0)\tag{2.103}$$

$$\frac{n+m-1}{n-1}\frac{\mathrm{d}Z_0^{-(n+1),m}}{\mathrm{d}e^2}=\frac{\mathrm{d}Z_0^{-n,m}}{\mathrm{d}e^2}+\frac{\mathrm{d}Z_0^{-n,m-1}}{\mathrm{d}e^2}\quad(m\neq0)$$

$$Z_0^{-2,0}=1,\quad\frac{\mathrm{d}Z_0^{-2,0}}{\mathrm{d}e^2}=0\quad(n=2,3,\cdots,N;m=0,1,\cdots,n-1)$$

同理,将式(2.102)代入式(2.101),即得

$$Z_0^{-(n+1),0}=(1-e^2)Z_0^{-(n-1),0}+\frac{2n-3}{n-2}e^2Z_0^{-n,1}\quad(m=0)$$

$$\frac{\mathrm{d}Z_0^{-(n+1),0}}{\mathrm{d}e^2}=(1-e^2)\frac{\mathrm{d}Z_0^{-(n-1),0}}{\mathrm{d}e^2}-Z_0^{-(n-1),0}+\frac{2n-3}{n-2}\left(e^2\frac{\mathrm{d}Z_0^{-n,1}}{\mathrm{d}e^2}+Z_0^{-n,1}\right)\quad(m=0)$$

$$Z_0^{-(n+1),m}=\frac{n-1}{(n+m-1)(n+m-2)}$$

$$\times\left[(2n-3)Z_0^{-n,m-1}+(n-2)(1-e^2)Z_0^{-(n-1),m}\right]\quad(m\neq0)$$

$$\frac{\mathrm{d}Z_0^{-(n+1),m}}{\mathrm{d}e^2} = \frac{n-1}{(n+m-1)(n+m-2)}\left[(2n-3)\frac{\mathrm{d}Z_0^{-n,m-1}}{\mathrm{d}e^2}\right.$$

$$\left.+(n-2)(1-e^2)\frac{\mathrm{d}Z_0^{-(n-1),m}}{\mathrm{d}e^2} - (n-2)Z_0^{-(n-1),m}\right] \quad (m\neq 0)$$

$$Z_0^{-3,0} = 1, \quad \frac{\mathrm{d}Z_0^{-3,0}}{\mathrm{d}e^2} = 0$$

$$[n=3,4,\cdots,N; m=\mathrm{mod}(n,2),\mathrm{mod}(n,2)+2,\cdots,n-2] \tag{2.104}$$

递推时,仍需记住,当 $m\geqslant n-1$ 时,$Z_0^{-n,m}\equiv 0$,$\dfrac{\mathrm{d}Z_0^{-n,m}}{\mathrm{d}e^2}\equiv 0$。

当然,递推完成后,还需将 $Z_0^{-(n+1),m}$ 换成 $Y_0^{-(n+1),m}$,计算公式为

$$Y_0^{-(n+1),m} = (1-e^2)^{-(n-1/2)}Z_0^{-(n+1),m}$$

$$\frac{\mathrm{d}Y_0^{-(n+1),m}}{\mathrm{d}e^2} = (1-e^2)^{-(n+1/2)}\left[(1-e^2)\frac{\mathrm{d}Z_0^{-(n+1),m}}{\mathrm{d}e^2} + \left(n-\frac{1}{2}\right)Z_0^{-(n+1),m}\right]$$

$$\tag{2.105}$$

2.8 各种方法的比较

为了说明以上算法的有效性和计算效率,我们编制了 16 种算法的 Fortran 程序(参见附录 D.1)。这些程序的适用范围、计算的函数以及使用的公式,如表 2.3 所示。

表 2.3 $X_0^{n,m}$、$X_0^{-(n+1),m}$ 及其导数的程序计算时间($e=0.1$,2~100 阶,计算 10 000 次所用的时间)

适用于	计算函数	使用公式	计算时间(s)
Kepler 根数	$X_0^{n,m}$, $\dfrac{\mathrm{d}X_0^{n,m}}{\mathrm{d}e}$	(2.86)	491.703 1
		(2.88)	1.046 9
		(2.90)	0.765 6
	$X_0^{-(n+1),m}$, $\dfrac{\mathrm{d}X_0^{-(n+1),m}}{\mathrm{d}e}$	(2.87)	320.625 0
		(2.54)	1.312 5
		(2.89)	1.328 1
		(2.91)	0.703 1

适用于	计算函数	使用公式	计算时间(s)
无奇点根数	$Y_0^{n,m}$, $\dfrac{\mathrm{d}Y_0^{n,m}}{\mathrm{d}e^2}$	(2.95)	498.109 4
		(2.98)	1.234 4
		(2.100)	0.750 0
	$Y_0^{-(n+1),m}$, $\dfrac{\mathrm{d}Y_0^{-(n+1),m}}{\mathrm{d}e^2}$	(2.96)	323.375 0
		文献[3](7.16)	1.343 8
		(2.99)	1.140 6
		(2.101)	0.671 9
		(2.103)	1.515 6
		(2.104)	1.171 9

我们利用这些程序进行试算,结果表明:

（1）对于 $e=0.1$,计算到 $n=10$,所有计算相同函数的程序计算结果均有 15 位相同的有效数字;对于 $e=0.1$、$e=0.5$ 和 $e=0.75$,所有程序计算到 $n=100$,也有 14 位有效数字,$X_0^{n,m}$、$\dfrac{\mathrm{d}X_0^{n,m}}{\mathrm{d}e}$、$X_0^{-(n+1),m}$ 和 $\dfrac{\mathrm{d}X_0^{-(n+1),m}}{\mathrm{d}e}$（或 $Y_0^{n,m}$、$\dfrac{\mathrm{d}Y_0^{n,m}}{\mathrm{d}e^2}$、$Y_0^{-(n+1),m}$ 和 $\dfrac{\mathrm{d}Y_0^{-(n+1),m}}{\mathrm{d}e^2}$）的最大相对误差均不超过 0.3×10^{-14}。这说明这些计算方法是稳定的,有效数字可以保证。

（2）只计算摄动中所用的函数的程序,也均提供了正确的结果。

（3）为了比较各种算法的效率,我们测试了程序计算 2～100 阶的计算时间。由于程序的计算速度较快,计算机无法测试计算一次的时间。因此,测试了计算 10 000 次的计算时间,测试结果也列于表 2.3 之中,计算设备的基本配置参数为:处理器 Intel® Xeon® W‑2125 CPU @ 4.00 GHz（8 CPUs）,主频约 4.0 GHz;内存 32 768 MB RAM。

从测试结果,可以得出以下结论:

（1）直接计算方法的计算时间较长,比递推方法慢数百倍,因此在实际计算时,一般不应该使用直接计算方法;

（2）递推计算方法的速度均较快,计算一次 2～100 阶的时间,均不超过 0.2 ms,因此它们均可满足各种应用对计算速度的要求;

（3）为了满足摄动计算的需求,选用只计算摄动所需函数的方法是合理的,而且

计算速度更快,使用公式(2.90)、(2.91)、(2.100)和(2.101)均有很快的速度;

(4) 关于 $Z_0^{-(n+1),m}$ 递推算法,由于需要将 $Z_0^{-(n+1),m}$ 转换为 $Y_0^{-(n+1),m}$,因此速度较慢,式(2.103)不如式(2.99),式(2.104)不如式(2.101)。进一步改进转换的算法也许也是一种可以选择的方法。

综上所述,对于 $k=0$ 的 Hansen 系数及其导数,我们已有许多可以选择的计算方法,各种算法均很稳定,而且适合于各种偏心率,可以满足实际工作的需求。

参考文献

［1］Plummer,H. C. An Introductory Treatise on Dynamical Astronomy. Cambridge University Press,London,1918.

［2］Laskar,J.,Boué,G. Explicit expansion of the three-body disturbing function for arbitrary eccentricities and inclinations. Astronomy and Astrophysics,2010,522,A60.

［3］吴连大.人造卫星与空间碎片的轨道和探测.北京:中国科学技术出版社,2011.

［4］McClain,W. D. A Recursively Formulated First-Order Semianalytic Artificial Satellite Theory Based on the Generalized Method of Averaging. Volume II. The Explicit Development of the First-Order Averaged Equations of Motion for the Nonspherical Gravitational and Nonresonant Third-Body Perturbations. NASA CR‐156783,1978.

［5］Cook,G. E. Basic theory for PROD,a program for computing the development of satellite orbits. Celestial Mechanics,1973,7(3):301‐314.

［6］Laskar,J. Note on the generalized Hansen and Laplace coefficients. Celestial Mechanics and Dynamical Astronomy,2005,91(3‐4):351‐356.

［7］Hansen,P. A. Entwickelung der products einer potenz des radius vectors mit dem sinus oder cosinus eines vielfachen der wahren anomalie in reihen,Abhandl. d. K. S. Ges. d. Wissensch,1855,IV,182‐281.

［8］Giacaglia,G. E. O. A note on Hansen's coefficients in satellite theory. Celestial Mechanics,1976,14(4):515‐523.

［9］Wu,L. D.,Wang,H. B.,Ma,J. Y. Inclination Function in Satellite Dynamics. Science Press,Beijing,2012.

［10］吴连大,张明江.Hansen 系数 $X_0^{n,m}$,$X_0^{-(n+1),m}$ 及其导数的递推计算.宇航动力学学报,2012,

2(4):1 - 10.

[11] Kaula, W. M. Analysis of gravitational and geometric aspects of geodetic utilization of satellites. Geophysical Journal International, 1961, 5(2): 104 - 133.

[12] Kaula, W. M. Development of the lunar and solar disturbing function for a close satellite. The Astronomical Journal, 1962, 67(5): 300 - 303.

[13] Vakhidov, A. A. Some recurrence relations between Hansen coefficients. Celestial Mechanics and Dynamical Astronomy, 2001, 81(3): 177 - 190.

第 3 章 Hansen 系数及其导数的直接计算方法

本章讨论指标 k 为任意整数的 Hansen 系数 $X_k^{n,m}$ 及其导数的直接计算方法，这是本专著的重点内容之一。

3.1 Hansen 系数直接计算方法

3.1.1 Newcomb-Poincaré 表达式

Newcomb-Poincaré 表达式是 Hansen 系数的最直观的一种表达式，其形式为[1]

$$X_{q+s}^{n,s} = \sum_{m=0}^{\infty} \Pi_q^{2m+|q|}(n \mid s) e^{2m+|q|} \tag{3.1}$$

其中，$\Pi_q^{2m+|q|}(n \mid s)$ 为 Newcomb 算子，它是 (n,s) 的有理多项式。将 $\Pi_q^{2m+|q|}(n \mid s)$ 记为 $X_{\rho,\sigma}^{n,s}$，并进行如下变换

$$\rho = m + \frac{|q|+q}{2}, \quad \sigma = m + \frac{|q|-q}{2} \tag{3.2}$$

则有[1]

$$\Pi_q^{2m+|q|}(n \mid s) = X_{m+(|q|+q)/2, m+(|q|-q)/2}^{n,s}$$

$$X_{q+s}^{n,s} = e^{|q|} \sum_{m=0}^{\infty} X_{m+(|q|+q)/2, m+(|q|-q)/2}^{n,s} e^{2m} \tag{3.3}$$

Izsak 等给出了 $X_{\rho,\sigma}^{n,s}$ 的递推关系[1,2]：

$$4\rho X_{\rho,\sigma}^{n,k} = 2(2k-n)X_{\rho-1,\sigma}^{n,k+1} + (k-n)X_{\rho-2,\sigma}^{n,k+2} + (5\rho - \sigma - 4 + 4k - n)X_{\rho-1,\sigma-1}^{n,k}$$

$$- 2(\rho - \sigma + k) \sum_{\tau \geqslant 2} (-1)^{\tau} \binom{3/2}{\tau} X^{n,k}_{\rho-\tau,\sigma-\tau} \tag{3.4}$$

式中，$X^{n,s}_{\rho,\sigma}$ 的下标为非负整数。利用对称关系 $X^{n,k}_{\rho,\sigma} = X^{n,-k}_{\sigma,\rho}$，Izsak 等得到另一个递推关系[1,2]：

$$4\sigma X^{n,k}_{\rho,\sigma} = -2(2k+n)X^{n,k-1}_{\rho,\sigma-1} - (k+n)X^{n,k-2}_{\rho,\sigma-2} - (\rho - 5\sigma + 4 + 4k + n)X^{n,k}_{\rho-1,\sigma-1}$$

$$+ 2(\rho - \sigma + k) \sum_{\tau \geqslant 2} (-1)^{\tau} \binom{3/2}{\tau} X^{n,k}_{\rho-\tau,\sigma-\tau} \tag{3.5}$$

式(3.4)和(3.5)相加，可消去对 τ 求和的项，有[1]

$$4(\rho + \sigma)X^{n,k}_{\rho,\sigma} = 2(2k-n)X^{n,k+1}_{\rho-1,\sigma} - 2(2k+n)X^{n,k-1}_{\rho,\sigma-1}$$

$$+ (k-n)X^{n,k+2}_{\rho-2,\sigma} - (k+n)X^{n,k-2}_{\rho,\sigma-2}$$

$$+ 2(2\rho + 2\sigma - 4 - n)X^{n,k}_{\rho-1,\sigma-1} \tag{3.6}$$

利用递推初值 $X^{n,k}_{0,0} = 1$，就可递推计算得到 $X^{n,k}_{1,0} = k - \dfrac{n}{2}$、$X^{n,k}_{0,1} = -k - \dfrac{n}{2}$ 等所有的 $X^{n,s}_{\rho,\sigma}$。

Izsak 等还定义[1,2]

$$J^{n,k}_{\rho,\sigma} = 2^{\rho+\sigma}\rho!\,\sigma!\,X^{n,k}_{\rho,\sigma} \tag{3.7}$$

则 $J^{n,k}_{\rho,\sigma}$ 为指标 n 和 k 的具有整数系数的多项式，其递推关系为[1,2]

$$J^{n,k}_{0,0} = 1, \quad J^{n,k}_{1,0} = 2k - n$$

$$J^{n,k}_{\rho,0} = (2k-n)J^{n,k+1}_{\rho-1,0} + (\rho-1)(k-n)J^{n,k+2}_{\rho-2,0}$$

$$J^{n,k}_{\rho,\sigma} = -(2k+n)J^{n,k-1}_{\rho,\sigma-1} - (\sigma-1)(k+n)J^{n,k-2}_{\rho,\sigma-2}$$

$$- \rho(\rho - 5\sigma + 4 + 4k + n)J^{n,k}_{\rho-1,\sigma-1} + \rho(\rho - \sigma + k)\sum_{\tau\geqslant 2}C_{\rho\sigma\tau}J^{n,k}_{\rho-\tau,\sigma-\tau} \tag{3.8}$$

其中，

$$C_{\rho\sigma\tau} = (\rho-1)(\rho-2)\cdots(\rho-\tau+1)(\sigma-1)(\sigma-2)\cdots(\sigma-\tau+1)C_{\tau}$$

$$C_{\tau} = (-1)^{\tau}\binom{3/2}{\tau}2^{2\tau-1} = 3, 2, 3, 6, 14, 36, 99, \cdots \tag{3.9}$$

在递推过程中，指标 ρ 和 σ 为负值时，$J^{n,k}_{\rho,\sigma}$ 的取值为 0。表3.1中，给出了 $\rho + \sigma \leqslant 6$ 的 $J^{n,k}_{\rho,\sigma}$ 的表达式[2]。

表 3.1　$J_{\rho,\sigma}^{n,k}$ 的表达式 $(\rho+\sigma\leqslant6)$ [2]

$J_{0,0}^{n,k}=1$

$J_{1,0}^{n,k}=2k-n$

$J_{2,0}^{n,k}=-3n+n^2+5k-4kn+4k^2$

$J_{1,1}^{n,k}=n+n^2-4k^2$

$J_{3,0}^{n,k}=-17n+9n^2-n^3+26k-33kn+6kn^2+30k^2-12k^2n+8k^3$

$J_{2,1}^{n,k}=3n+n^2-n^3-2k+5kn+2kn^2-10k^2+4k^2n-8k^3$

$J_{4,0}^{n,k}=-142n+95n^2-18n^3+n^4+206k-330kn+102kn^2-8kn^3$
$\qquad+283k^2-192k^2n+24k^2n^2+120k^3-32k^3n+16k^4$

$J_{3,1}^{n,k}=22n-n^2-6n^3+n^4-22k+47kn+3kn^2-4kn^3$
$\qquad-64k^2+48k^2n-60k^3+16k^3n-16k^4$

$J_{2,2}^{n,k}=2n-n^2-2n^3+n^4-9k^2-8k^2n^2+16k^4$

$J_{5,0}^{n,k}=-1569n+1220n^2-305n^3+30n^4-n^5+2194k-4080kn$
$\qquad+1660kn^2-230kn^3+10kn^4+3360k^2-2995k^2n+660k^2n^2$
$\qquad-40k^2n^3+1790k^3-840k^3n+80k^3n^2+400k^4-80k^4n+32k^5$

$J_{4,1}^{n,k}=231n-68n^2-41n^3+14n^4-n^5-258k+572kn-76kn^2-42kn^3$
$\qquad+6kn^4-648k^2+617k^2n-60k^2n^2-8k^2n^3-614k^3+296k^3n$
$\qquad-16k^3n^2-240k^4+48k^4n-32k^5$

$J_{3,2}^{n,k}=3n-8n^2-5n^3+6n^4-n^5+10k-10kn-12kn^2+2kn^3$
$\qquad+2kn^4-12k^2-9k^2n-36k^2n^2+8k^2n^3+26k^3-24k^3n$
$\qquad-16k^3n^2+80k^4-16k^4n+32k^5$

$J_{6,0}^{n,k}=-21576n+18694n^2-5595n^3+745n^4-45n^5+n^6$
$\qquad+29352k-60752kn+29535kn^2-5530kn^3+435kn^4-12kn^5$
$\qquad+48538k^2-51615k^2n+15345k^2n^2-1680k^2n^3+60k^2n^4$
$\qquad+29835k^3-18860k^3n+3240k^3n^2-160k^3n^3$
$\qquad+8660k^4-3120k^4n+240k^4n^2+1200k^5-192k^5n+64k^6$

$J_{5,1}^{n,k}=3096n-1466n^2-255n^3+185n^4-25n^5+n^6$
$\qquad-3608k+8454kn-2280kn^2-340kn^3+130kn^4-8kn^5$
$\qquad-8588k^2+9535k^2n-1765k^2n^2-80k^2n^3+20k^2n^4$
$\qquad-8200k^3+5280k^3n-640k^3n^2$
$\qquad-3740k^4+1360k^4n-80k^4n^2-800k^5+128k^5n-64k^6$

$J_{4,2}^{n,k}=-72n-58n^2+5n^3+41n^4-13n^5+n^6$
$\qquad+136k-344kn-115kn^2+66kn^3+17kn^4-4kn^5$
$\qquad+314k^2-399k^2n-255k^2n^2+112k^2n^3-4k^2n^4$
$\qquad+593k^3-452k^3n-136k^3n^2+32k^3n^3$
$\qquad+788k^4-304k^4n-16k^4n^2+400k^5-64k^5n+64k^6$

$J_{3,3}^{n,k}=24n-26n^2-15n^3+25n^4-9n^5+n^6$
$\qquad-172k^2+39k^2n-93k^2n^2+48k^2n^3-12k^2n^4$
$\qquad+196k^4-48k^4n+48k^4n^2-64k^6$

给定参数 n 和 k 后,按照表3.1,就可计算出 $J_{\rho,\sigma}^{n,k}$ 的数值来。需要说明的是:递推公式(3.8)的递推结果,不是数值结果,而是对应于表3.1的这类表达式。当然,利用递推公式(3.8),我们还可以将表3.1进一步的扩展。Izsak[2] 将 Hansen 系数展开到 e^8,而 Cherniack[3] 进一步展开到 e^{12}。

计算好 $J_{\rho,\sigma}^{n,k}$ 后,Hansen 系数 $X_{k+q}^{n,k}$ 可以按照表3.2中的表达式,计算得到精确到 e^6 的计算结果($-6 \leqslant q \leqslant 6$)。也就是说,按照 Newcomb-Poincaré 表达式计算 Hansen 系数需要分两步:第一步,利用递推公式(3.8),递推出 $J_{\rho,\sigma}^{n,k}$ 的计算公式,按该公式编制程序,计算得到 $J_{\rho,\sigma}^{n,k}$;第二步,按照表3.2中 Newcomb-Poincaré 表达式,计算得到 Hansen 系数。这当然有些麻烦,程序量也较大,但计算程序简单,同时由于是整数运算,计算速度也很快。

表 3.2 Hansen 系数 $X_{k+q}^{n,k}$ 的表达式($-6 \leqslant q \leqslant 6$)

$q \geqslant 0$	$q < 0$
$X_{k+0}^{n,k} = J_{0,0}^{n,k} + \dfrac{e^2}{4} J_{1,1}^{n,k} + \dfrac{e^4}{64} J_{2,2}^{n,k} + \dfrac{e^6}{2\,304} J_{3,3}^{n,k}$	
$X_{k+1}^{n,k} = \dfrac{e}{2} J_{1,0}^{n,k} + \dfrac{e^3}{16} J_{2,1}^{n,k} + \dfrac{e^5}{384} J_{3,2}^{n,k}$	$X_{k-1}^{n,k} = \dfrac{e}{2} J_{1,0}^{n,-k} + \dfrac{e^3}{16} J_{2,1}^{n,-k} + \dfrac{e^5}{384} J_{3,2}^{n,-k}$
$X_{k+2}^{n,k} = \dfrac{e^2}{8} J_{2,0}^{n,k} + \dfrac{e^4}{96} J_{3,1}^{n,k} + \dfrac{e^6}{3\,072} J_{4,2}^{n,k}$	$X_{k-2}^{n,k} = \dfrac{e^2}{8} J_{2,0}^{n,-k} + \dfrac{e^4}{96} J_{3,1}^{n,-k} + \dfrac{e^6}{3\,072} J_{4,2}^{n,-k}$
$X_{k+3}^{n,k} = \dfrac{e^3}{48} J_{3,0}^{n,k} + \dfrac{e^5}{768} J_{4,1}^{n,k}$	$X_{k-3}^{n,k} = \dfrac{e^3}{48} J_{3,0}^{n,-k} + \dfrac{e^5}{768} J_{4,1}^{n,-k}$
$X_{k+4}^{n,k} = \dfrac{e^4}{384} J_{4,0}^{n,k} + \dfrac{e^6}{7\,680} J_{5,1}^{n,k}$	$X_{k-4}^{n,k} = \dfrac{e^4}{384} J_{4,0}^{n,-k} + \dfrac{e^6}{7\,680} J_{5,1}^{n,-k}$
$X_{k+5}^{n,k} = \dfrac{e^5}{3\,840} J_{5,0}^{n,k}$	$X_{k-5}^{n,k} = \dfrac{e^5}{3\,840} J_{5,0}^{n,-k}$
$X_{k+6}^{n,k} = \dfrac{e^6}{46\,080} J_{6,0}^{n,k}$	$X_{k-6}^{n,k} = \dfrac{e^6}{46\,080} J_{6,0}^{n,-k}$

表3.2中的表达式对偏心率 e 求导数,即可得到 Hansen 系数的导数。对于无奇点轨道根数,需要计算 Hansen 系数核及其导数。这时,只需将 Hansen 系数 $X_{k+q}^{n,k}$ 表达式中的 $e^{|q|}$ 析出,计算也比较简单。

Balmino 给出了 Hansen 系数的一个表达式[4],利用杨辉三角对其略作变换,即有[5]

$$X_{m+s}^{n,m} = \left(-\frac{e}{2}\right)^s \sum_{t=0}^{\infty} \left(\frac{e}{2}\right)^{2t} \left\{ \sum_{j=0}^{t} \sum_{p=0}^{j} \begin{pmatrix} n+m+1 \\ j-p \end{pmatrix} X_p \sum_{q=0}^{s+j} \begin{pmatrix} n-m+1 \\ s+j-q \end{pmatrix} \right.$$

$$\left. \times X_q \left[\begin{pmatrix} k \\ t-j \end{pmatrix} - \begin{pmatrix} k \\ t-j-1 \end{pmatrix} \right] \right\} \tag{3.10}$$

其中，

$$k = 2t - n + s - p - q - 2, \quad X_p = \frac{(m+s)^p}{p!}, \quad X_q = \frac{(m+s)^q}{q!}(-1)^q$$

式(3.10)中，s 必须恒为正。如果 $s < 0$，则利用 Hansen 系数的对称性 $X_{m+s}^{n,m} = X_{-m-s}^{n,-m}$进行计算，即表达式中的 m 和 s 均改变符号。

式(3.10)是可以直接计算 Hansen 系数的级数表达式，它具有四重求和，计算速度较慢。但是，它给出了 Newcomb 算子的显函数表达式，也应对其给予重视。

3.1.2　Hill 表达式

1. Hansen 系数的各种 Hill 表达式

文献[1,4,6 - 13]给出了 Hansen 系数的各种 Hill 型表达式。

(1) Gaposchkin[6]引用 Plummer 表达式[7]

$$X_q^{nm} = (1+\beta^2)^{-(n+1)} \sum_p J_p(qe) X_{qp}^{nm} \tag{3.11}$$

其中，

$$\begin{cases} X_{qp}^{nm} = (-\beta)^{q-p-m} \begin{pmatrix} n+1-m \\ q-p-m \end{pmatrix} \\ \quad \times F(q-p-n-1, -m-n-1, q-p-m+1; \beta^2) \quad (q-p-m>0) \\ X_{qp}^{nm} = (-\beta)^{-q+p+m} \begin{pmatrix} n+1+m \\ -q+p+m \end{pmatrix} \\ \quad \times F(-q+p-n-1, m-n-1, -q+p+m+1; \beta^2) \quad (q-p-m<0) \\ X_{qp}^{nm} = F(m-n-1, -m-n-1, 1; \beta^2) \quad (q-p-m=0) \\ \beta = \dfrac{e}{1+\sqrt{1-e^2}} \end{cases}$$

$$\tag{3.12}$$

式(3.12)中,F(·)表示超几何级数的级数展开式,其定义为

$$F(a,b,c;z) = \sum_{n=0}^{\infty} \frac{(a)_n(b)_n}{(c)_n n!} z^n$$

(2) Branham[8]引用的 Plummer 表达式[9]

$$X_j^{n,k} = (1+\beta^2)^{-(n+1)} \sum_{p=-\infty}^{\infty} J_p(je) X_{j,p}^{n,k} \tag{3.13}$$

其中,

$$
\left\{
\begin{aligned}
&X_{j,p}^{n,k} = (-\beta)^{j-p-k} \binom{n+1-k}{j-p-k} \\
&\qquad \times F(j-p-n-1, -k-n-1, j-p-k+1; \beta^2) \quad (j-p-k>0) \\
&X_{j,p}^{n,k} = (-\beta)^{-j+p+k} \binom{n+1+k}{-j+p+k} \\
&\qquad \times F(-j+p-n-1, k-n-1, -j+p+k+1; \beta^2) \quad (j-p-k<0)
\end{aligned}
\right.
$$

$$\tag{3.14}$$

式(3.14)与式(3.12)类似,但它并未给出 $j-p-k=0$ 的表达式。实际上,也可以不必特别给出 $j-p-k=0$ 的表达式,此时使用 $j-p-k>0$ 的表达式计算。

(3) Breiter 等[10]推荐的 Aksenov 表达式[11]

$$X_k^{\gamma,j} = (1+\beta^2)^{-(\gamma+1)} \sum_{s=-\infty}^{\infty} E_{k-s}^{\gamma,j} J_s(ke) \tag{3.15}$$

其中

$$E_p^{\gamma,j} = (-\beta)^{p-j} \binom{\gamma-j+1}{p-j} F(-\gamma-j-1, p-\gamma-1, p-j+1; \beta^2) \quad (p \geqslant j) \tag{3.16}$$

当 $p<j$ 时,应用 $E_p^{\gamma,j} = E_{-p}^{\gamma,-j}$ 计算。

(4) Wnuk 表达式[12]

$$X_k^{n,m} = (1+\beta^2)^{-(n+1)} \sum_{t=-\infty}^{\infty} E_{k-t}^{n,m} J_t(ke) \tag{3.17}$$

其中,

$$E_{k-t}^{n,m} = \begin{cases} (-\beta)^{k-t-m} \displaystyle\sum_{s=0}^{\infty} \begin{pmatrix} n-m+1 \\ k-t-m+s \end{pmatrix} \begin{pmatrix} n+m+1 \\ s \end{pmatrix} \beta^{2s} & (k-t-m \geqslant 0) \\[4mm] (-\beta)^{t-k+m} \displaystyle\sum_{s=0}^{\infty} \begin{pmatrix} n+m+1 \\ -k+t+m+s \end{pmatrix} \begin{pmatrix} n-m+1 \\ s \end{pmatrix} \beta^{2s} & (k-t-m < 0) \end{cases}$$

$$(3.18)$$

将超几何级数的级数展开式 F($\cdot$)代入式(3.16)，即可得到式(3.18)。

（5）Giacaglia 表达式[13]（其具体推导参见附录 C）

$$X_k^{n,m} = (1+\beta^2)^{-n-1} \sum_{s=0}^{s_1} \sum_{t=0}^{t_1} \begin{pmatrix} n-m+1 \\ s \end{pmatrix} \begin{pmatrix} n+m+1 \\ t \end{pmatrix} (-\beta)^{s+t} J_{k-m-s+t}(ke)$$

$$(3.19)$$

其中，

$$s_1 = \begin{cases} n-m+1 & (n-m+1 \geqslant 0) \\ \infty & (n-m+1 < 0) \end{cases}, \quad t_1 = \begin{cases} n+m+1 & (n+m+1 \geqslant 0) \\ \infty & (n+m+1 < 0) \end{cases}$$

$$(3.20)$$

化为偏心率函数，有

$$G_{lpq} = X_{l-2p+q}^{-l-1,l-2p} = (1+\beta^2)^l \sum_{s=0}^{s_1} \sum_{t=0}^{t_1} \begin{pmatrix} -2l+2p \\ s \end{pmatrix} \begin{pmatrix} -2p \\ t \end{pmatrix} (-\beta)^{s+t} J_{q-s+t}\big[(l-2p+q)e\big]$$

$$(3.21)$$

此时，式(3.21)中 s_1 和 t_1 分别为

$$s_1 = \begin{cases} \infty & (l \neq p) \\ 0 & (l=p) \end{cases}, \quad t_1 = \begin{cases} \infty & (p \neq 0) \\ 0 & (p=0) \end{cases}$$

利用下列二项式系数关系

$$\begin{pmatrix} -a \\ s \end{pmatrix} = \frac{(-a)(-a-1)\cdots(-a-s+1)}{s!} = (-1)^s \begin{pmatrix} a+s-1 \\ s \end{pmatrix}$$

$$(3.22)$$

式(3.21)可以表达为

$$G_{lpq} = (1+\beta^2)^l \sum_{s=0}^{s_1} \sum_{t=0}^{t_1} \begin{pmatrix} 2l-2p+s-1 \\ s \end{pmatrix} \begin{pmatrix} 2p+t-1 \\ t \end{pmatrix} \beta^{s+t} J_{q-s+t}(ke)$$

$$(3.23)$$

其中，$k=l-2p+q$，当 $q-s+t<0$ 时，Bessel 函数 $J_{q-s+t}(ke)$ 按下式计算：

$$J_{q-s+t}(ke) = (-1)^{|q-s+t|} J_{|q-s+t|}(ke)$$

（6）Balmino[4]使用的与 Giacaglia 表达式[13]相同的计算公式

$$X_k^{n,m} = (1+\beta^2)^{-n-1} \sum_{p=0}^{\infty} \sum_{q=0}^{\infty} \begin{pmatrix} n+m+1 \\ p \end{pmatrix} \begin{pmatrix} n-m+1 \\ q \end{pmatrix} (-\beta)^{p+q} J_{k-m+p-q}(ke)$$

$$(3.24)$$

显然，该公式的求和限应与式(3.19)相同。

（7）McClain 表达式[1]

$$X_t^{\pm n,s} = \sum_r W_r^{\pm n,s} B_t^r \qquad (3.25)$$

其中，

$$B_t^r = \frac{r}{t} J_{t-r}(te) \quad (t \neq 0)$$

$$B_0^r = \begin{cases} 1, & (r=0) \\ -\dfrac{e}{2}, & (|r|=1) \\ 0, & (|r|>1) \end{cases} \qquad (3.26)$$

$$W_r^{n,s} = (1+\beta^2)^{-n}(-1)^{|r-s|} \begin{pmatrix} n-s \\ a \end{pmatrix} \begin{pmatrix} n+s \\ b \end{pmatrix} \beta^{|r-s|} F(a-n+s, b-n-s, |r-s|+1; \beta^2)$$

$$(3.27)$$

$$W_r^{-n,s} = (1+\beta^2)^n \begin{pmatrix} n+s+a-1 \\ a \end{pmatrix} \begin{pmatrix} n-s+b-1 \\ b \end{pmatrix} \beta^{|r-s|}$$

$$\times F(n+s+a, n-s+b, |r-s|+1; \beta^2) \qquad (3.28)$$

式(3.27)和(3.28)中，

$$a = \frac{|r-s|+r-s}{2}, \quad b = \frac{|r-s|-(r-s)}{2} \qquad (3.29)$$

这里，r 的求和上下限为

$$\begin{cases} -n \leqslant r \leqslant n & (n \geqslant 0) \\ -\infty \leqslant r \leqslant \infty & (n<0) \\ -1 \leqslant r \leqslant 1, & (t=0) \end{cases} \qquad (3.30)$$

比较上述这些 Hansen 系数的 Hill 型表达式，可知(1)～(4)中列出的计算公式是等价的，(5)和(6)中列出的计算公式也是等价的。因此，建议使用(4)和(5)中列出的计算公式，即使用式(3.17)和(3.23)作为 Hill 表达式的代表。

2. Bessel 函数的计算

基于 Hill 表达式计算 Hansen 系数,需要注意的是,利用 Bessel 函数 $J_n(x)$ 的级数表达式

$$J_n(x) = \sum_{i=0}^{\infty} \frac{(-1)^i}{i!(n+i)!} \left(\frac{x}{2}\right)^{n+2i} \tag{3.31}$$

当 x 较大时,会严重损失精度。其原因为:计算机只有 16 位有效位数,而式(3.31)中的最大项可能大于 10^{18},计算机的截断误差就大于 100,但 $J_n(ke)$ 的绝对值不会大于 1,因而计算结果就无效了。

Wnuk 建议,按如下方法计算 Bessel 函数 $J_n(x)$ [12,14]:

$$\begin{cases} J_0(x) = \sum_{i=0}^{\infty} \frac{(-1)^i}{i!i!} \left(\frac{x}{2}\right)^{2i} & (x < 20) \\ J_0(x) \approx \sqrt{\frac{2}{\pi x}} a \cos\left(x - \frac{\pi}{4} + b\right) & (x \geqslant 20) \\ J_s(x) = p_s J_{s-1}(x) & (s > 0) \end{cases} \tag{3.32}$$

其中,

$$a = 1 - \frac{1}{16x^2} + \frac{53}{512x^4}, \quad b = -\frac{1}{8x} + \frac{25}{384x^3}, \quad p_s = \frac{1}{2s/x - p_{s+1}} \tag{3.33}$$

值得指出的是:$J_0(x)$ 有许多渐近展开式,上式中 a 和 b 的计算表达式引自文献[15],试算表明,这样计算 $J_0(x)$ 的相当精度约有 8 位有效位数,已能基本满足计算 Hansen 系数的要求;p_s 的递推计算参见文献[14],从 $p_{s+1}=0$ 开始递推,取 $s=2N$,N 为需要计算的 $J_s(x)$ 的指标 s 的最大值;当 $x=0$ 时,式(3.33)中 p_s 的计算有 0 分母,需要特殊处理。

当 $s<0$ 或 $x<0$ 时,需用下式计算 Bessel 函数[14]:

$$J_{-s}(x) = J_s(-x) = (-1)^s J_s(x) \tag{3.34}$$

另外,除了上述 Bessel 函数的算法外,在 $|x|$ 较大时,利用定积分计算 Bessel 函数 $J_0(x)$,也是很好的方法,相应的计算公式为

$$J_0(x) = \frac{1}{\pi} \int_0^{\pi} \cos(x\sin\varphi)d\varphi \tag{3.35}$$

3.1.3　Hansen 表达式

1. Hansen 系数的各种 Hansen 表达式

（1）McClain 根据 Hansen 原来的方法，证明了 Hansen 系数 $X_k^{n,s}$ 可表达为[1]（具体证明参见附录 B）

$$X_k^{n,s} = \frac{(1-\beta^2)^{2n+3}}{(1+\beta^2)^{n+1}} (-\beta)^{|k-s|} \sum_{i=0}^{\infty} M_{i+(|k-s|+k-s)/2} N_{i+[|k-s|-(k-s)]/2} \beta^{2i} \quad (3.36)$$

其中，

$$M_p = \sum_{m=0}^{p} (-1)^m \begin{pmatrix} n-k+p+1 \\ p-m \end{pmatrix} \frac{\mu^m}{m!}, \quad N_q = \sum_{m=0}^{q} \begin{pmatrix} n+k+q+1 \\ q-m \end{pmatrix} \frac{\mu^m}{m!}, \quad \mu = k\sqrt{1-e^2}$$

$$(3.37)$$

（2）基于 McClain 给出的 Hansen 系数表达式[1]，Proulx 和 McClain 进一步利用广义 Laguerre 多项式，得到下列两个公式[16]（具体证明参见附录 B）：

$$X_t^{n,s} = (1-\beta^2)^{2n+3}(1+\beta^2)^{-(n+1)}(-\beta)^{|t-s|} \sum_{i=0}^{\infty} L_{i+a}^{(n-t+1)}(\mu) L_{i+b}^{(n+t+1)}(-\mu) \beta^{2i}$$

$$\mu = \frac{t(1-\beta^2)}{1+\beta^2} = t\sqrt{1-e^2}$$

$$(3.38)$$

以及

$$X_t^{n,s} = (1+\beta^2)^{-(n+1)}(-\beta)^{|t-s|} \sum_{i=0}^{\infty} L_{i+a}^{(n-s-i-a+1)}(\nu) L_{i+b}^{(n+s-i-b+1)}(-\nu) \beta^{2i}$$

$$\nu = t(1+\beta^2)^{-1} = \frac{1}{2}\frac{te}{\beta}$$

$$(3.39)$$

其中，

$$\beta = \frac{e}{1+\sqrt{1-e^2}}, \quad a = \frac{|t-s|+(t-s)}{2}, \quad b = \frac{|t-s|-(t-s)}{2} \quad (3.40)$$

式（3.38）和（3.39）中，$L_m^{(j)}(x)$ 为广义 Laguerre 多项式，其定义为

$$L_m^{(j)}(x) = \sum_{k=0}^{m} (-1)^k \begin{pmatrix} m+j \\ m-k \end{pmatrix} \frac{x^k}{k!} \quad (3.41)$$

(3) Oesterwinter 给出的表达式为[17]

$$G_{lpq} = X^{-l-1,l-2p}_{l-2p+q}(\beta) = (-\beta)^{|q|} \frac{(1+\beta^2)^l}{(1-\beta^2)^{2l-1}} \sum_{i=0}^{\infty} M_s N_{t'} \beta^{2i} \tag{3.42}$$

式中符号 M_s 和 $N_{t'}$ 的定义，以及与式(3.38)中符号的关系为：

$$M_s = (-1)^s \sum_{\nu=0}^{s} \binom{\alpha-\nu}{s-\nu} \frac{b^\nu}{\nu!} = \mathrm{L}_{i+a}^{(n-t+1)}(\mu) \tag{3.43}$$

$$N_{t'} = (-1)^{t'} \sum_{\omega=0}^{t'} \binom{\gamma-\omega}{t'-\omega} \frac{(-b)^\omega}{\omega!} = \mathrm{L}_{i+b}^{(n+t+1)}(-\mu)$$

$$s = i + \frac{1}{2}(|q|+q) = i+a, \quad t' = i + \frac{1}{2}(|q|-q) = i+b$$

$$\alpha = 2l-2p+q-1 = -(n-t+1)-1, \quad \gamma = 2p-q-1 = -(n+t+1)-1$$

$$b = (l-2p+q)\sqrt{1-e^2} = \mu \tag{3.44}$$

不难证明：式(3.36)、(3.38)与(3.42)实质上是相同的。

(4) Kaula[18] 给出了 Tisserand[19] 偏心率函数表达式：

$$G_{lpq}(e) = (-1)^{|q|}(1+\beta^2)^l \beta^{|q|} \sum_{k=0}^{\infty} P_{lpqk} Q_{lpqk} \beta^{2k} \tag{3.45}$$

其中，

$$P_{lpqk} = \sum_{r=0}^{h} \binom{2p'-2l}{h-r} \frac{(-1)^r}{r!} \left[\frac{(l-2p'+q')e}{2\beta} \right]^r$$

$$h = \begin{cases} k+q' & (q'>0) \\ k & (q'<0) \end{cases}$$

$$Q_{lpqk} = \sum_{r=0}^{h} \binom{-2p'}{h-r} \frac{1}{r!} \left[\frac{(l-2p'+q')e}{2\beta} \right]^r$$

$$h = \begin{cases} k & (q'>0) \\ k-q' & (q'<0) \end{cases} \tag{3.46}$$

式(3.46)中，

$$p' = \begin{cases} p & (p \leqslant l/2) \\ l-p & (p>l/2) \end{cases} \tag{3.47}$$

$$q' = \begin{cases} q & (p \leqslant l/2) \\ -q & (p>l/2) \end{cases}$$

（5）Breiter 等给出的表达式为[10]

$$X_k^{\gamma,j} = \frac{(-\beta)^{|k-j|}}{(1+\beta^2)^{\gamma+1}} \sum_{s=0}^{\infty} P_s Q_s \beta^{2s} \tag{3.48}$$

其中，

$$
\begin{aligned}
P_s &= \begin{cases} P_{s+k-j} & (k \geqslant j) \\ P_s & (k < j) \end{cases} \\
Q_s &= \begin{cases} Q_j & (k \geqslant j) \\ Q_{s+j-k} & (k < j) \end{cases} \\
P_s &= \sum_{r=0}^{s} \begin{bmatrix} \gamma-j+1 \\ s-r \end{bmatrix} \frac{1}{r!} \left(-\frac{ke}{2\beta}\right)^r \\
Q_s &= \sum_{r=0}^{s} \begin{bmatrix} \gamma+j+1 \\ s-r \end{bmatrix} \frac{1}{r!} \left(\frac{ke}{2\beta}\right)^r
\end{aligned}
\tag{3.49}
$$

不难证明：式(3.45)、(3.48)与(3.39)是相同的。

2. 表达式中有关函数的递推方法

利用 Hansen 表达式计算 Hansen 系数时，需要计算函数 M_s 和 $N_{t'}$ 或广义 Laguerre 多项式。下面，介绍函数 M_s 和 $N_{t'}$ 以及广义 Laguerre 多项式的递推计算方法。

（1）函数 M_s 和 $N_{t'}$ 的递推方法

对于表达式(3.36)和(3.42)中的函数 M_s 和 $N_{t'}$，Lyddane 建议利用如下递推方法计算[17]。首先，将函数 M_s 表达为如下形式：

$$M(s,\alpha;b) = (-1)^s \sum_{\nu=0}^{s} \begin{bmatrix} \alpha-\nu \\ s-\nu \end{bmatrix} \frac{b^\nu}{\nu!} \tag{3.50}$$

然后，利用杨辉三角

$$\begin{bmatrix} n \\ m \end{bmatrix} = \begin{bmatrix} n-1 \\ m \end{bmatrix} + \begin{bmatrix} n-1 \\ m-1 \end{bmatrix} \tag{3.51}$$

式(3.50)可以进一步表达为

$$M(s,\alpha;b) = (-1)^s \sum_{\nu=0}^{s} \left[\begin{pmatrix} \alpha-1-\nu \\ s-\nu \end{pmatrix} + \begin{pmatrix} \alpha-1-\nu \\ s-1-\nu \end{pmatrix} \right] \frac{b^{\nu}}{\nu!}$$

$$= M(s,\alpha-1;b) + (-1) \times (-1)^{s-1} \sum_{\nu=0}^{s-1} \begin{pmatrix} \alpha-1-\nu \\ s-1-\nu \end{pmatrix} \frac{b^{\nu}}{\nu!}$$

$$= M(s,\alpha-1;b) - M(s-1,\alpha-1;b)$$

$$\tag{3.52}$$

式(3.52)即为函数 M_s 的递推计算公式。

函数 $N_{t'}$ 可以表达为

$$N_{t'} \equiv M(t',\gamma;-b) \tag{3.53}$$

则利用递推计算公式(3.52)，可以进行函数 $N_{t'}$ 的递推计算。递推计算得到函数 M_s 和 $N_{t'}$，并将其代入 Hansen 系数表达式，就可计算出 $X_k^{n,m}$。

(2) 广义 Laguerre 多项式的递推方法

表达式(3.38)和(3.39)中的广义 Laguerre 多项式 $L_m^{(j)}(x)$，有如下递推关系：

$$(n+1)L_{n+1}^{(\alpha)}(x) = (2n+\alpha+1-x)L_n^{(\alpha)}(x) - (n+\alpha)L_{n-1}^{(\alpha)}(x) \tag{3.54}$$

相应的递推初值为

$$L_0^{(\alpha)}(x) = 1, \quad L_1^{(\alpha)}(x) = \alpha+1-x \tag{3.55}$$

通过广义 Laguerre 多项式计算 Hansen 系数的方法，利用了现成的广义 Laguerre 多项式，显然比较合理，因此建议采用这种方法。

3.1.4　Laplace 系数表达式

根据 Hansen 系数的定义

$$X_k^{\gamma,m} = \frac{1}{2\pi} \int_0^{2\pi} \left(\frac{r}{a} \right)^{\gamma} \exp(jm\nu) \exp(-jkM) \mathrm{d}M$$

Laskar 将该表达式中的平近点角 M 改为偏近点角 E，有[20]

$$X_k^{\gamma,m} = \frac{1}{2\pi} \int_0^{2\pi} \left(\frac{r}{a} \right)^{\gamma+1} \exp(jm\nu) \exp(jke\sin E) \exp(-jkE) \mathrm{d}E \tag{3.56}$$

仍然沿用 Hansen 的公式推导技巧，定义 $\eta = \exp(jE)$，则有

$$\frac{r}{a} = (1 + \beta^2)^{-1}(1 - \beta\eta)(1 - \beta\eta^{-1})$$

$$\exp(j\nu) = \eta\,\frac{1 - \beta\eta^{-1}}{1 - \beta\eta}$$

$$\left(\frac{r}{a}\right)^{\gamma+1}\exp(jm\nu) = \frac{\eta^m}{(1+\beta^2)^{\gamma+1}}(1 - \beta\eta)^{\gamma+1-m}(1 - \beta\eta^{-1})^{\gamma+1+m}$$

进而得到

$$\left(\frac{r}{a}\right)^{\gamma+1}\exp(jm\nu) = \frac{\eta^m}{2(1+\beta^2)^{\gamma+1}}\sum_{l=-\infty}^{\infty} b_{-\gamma-1+m,\,-\gamma-1-m}^{(l)}(\beta)\eta^l \tag{3.57}$$

这里，$b_{s,r}^{(k)}$ 为广义 Laplace 系数，其定义为[21]

$$(1 - \alpha z)^{-s}(1 - \alpha z^{-1})^{-r} = \frac{1}{2}\sum_{k=-\infty}^{\infty} b_{s,r}^{(k)}(\alpha)z^k \tag{3.58}$$

广义 Laplace 系数具有关系式[20,21] $b_{s,r}^{(k)}(-\alpha) = (-1)^k b_{s,r}^{(k)}(\alpha)$ 和 $b_{s,r}^{(-k)}(\alpha) = b_{r,s}^{(k)}(\alpha)$，以及在 $k \geqslant 0$ 时，有

$$b_{s,r}^{(k)}(\alpha) = 2\,\frac{(s)_k}{k!}\alpha^k F(r,s+k,k+1;\alpha^2) \tag{3.59}$$

于是，利用广义 Laplace 系数和经典的 Bessel 函数展开式

$$\exp(jke\sin E) = \sum_{n=-\infty}^{\infty} J_n(ke)\eta^n \tag{3.60}$$

可将 Hansen 系数表达为[20]

$$X_k^{\gamma,m} = \frac{1}{2(1+\beta^2)^{\gamma+1}}\sum_{n=-\infty}^{\infty} b_{-\gamma-1+m,\,-\gamma-1-m}^{(k-n-m)}(\beta)J_n(ke) \tag{3.61}$$

Laskar 还给出了广义 Laplace 系数的五个递推关系[20]：

$$b_{s,r+1}^{(k)}(\alpha) - \alpha b_{s,r+1}^{(k+1)}(\alpha) = b_{s,r}^{(k)}(\alpha)$$

$$b_{s+1,r}^{(k)}(\alpha) - \alpha b_{s+1,r}^{(k-1)}(\alpha) = b_{s,r}^{(k)}(\alpha)$$

$$(1-\alpha^2)r b_{s,r+1}^{(k)}(\alpha) = (r-k)b_{s,r}^{(k)}(\alpha) + \alpha(s+k-1)b_{s,r}^{(k-1)}(\alpha)$$

$$(1-\alpha^2)s b_{s+1,r}^{(k)}(\alpha) = (s+k)b_{s,r}^{(k)}(\alpha) + \alpha(r-k-1)b_{s,r}^{(k+1)}(\alpha)$$

$$(r-k-1)b_{s,r}^{(k+1)}(\alpha) = (s+k-1)b_{s,r}^{(k-1)}(\alpha) + \left[\alpha(r-s-k) - \frac{k}{\alpha}\right]b_{s,r}^{(k)}(\alpha)$$

$$\tag{3.62}$$

并指出：利用上述这五个递推关系，可以将所有广义 Laplace 系数，表达为 $b_{s-|s|,\,r-|r|}^{(0)}(\alpha)$ 和 $b_{s-|s|,\,r-|r|}^{(1)}(\alpha)$ 这两个系数的函数。特别是，Hansen 系数表达式 (3.61) 中的所有广义 Laplace 系数，均可以表达为 $b_{|\gamma|-\gamma}^{(0)}(\alpha)$ 和 $b_{|\gamma|-\gamma}^{(1)}(\alpha)$ 这两个

Laplace 系数的函数。

利用式(3.59)，当 $k-n-m \geqslant 0$ 时，不难证明：

$$b_{-\gamma-1+m,-\gamma-1-m}^{(k-n-m)} = 2\beta^{k-n-m} \sum_{s=0}^{\infty} \begin{pmatrix} -\gamma-2-m+s \\ s \end{pmatrix} \begin{pmatrix} -\gamma-2+k-n+s \\ k-n-m+s \end{pmatrix} \beta^{2s}$$

$$= 2(-\beta)^{k-n-m} \sum_{s=0}^{\infty} \begin{pmatrix} \gamma+m+1 \\ s \end{pmatrix} \begin{pmatrix} \gamma-m+1 \\ k-n-m+s \end{pmatrix} \beta^{2s}$$

于是，式(3.61)就可表达为：

$$X_k^{\gamma,m} = \frac{1}{(1+\beta^2)^{\gamma+1}} \sum_{n=-\infty}^{\infty} (-\beta)^{k-n-m} \sum_{s=0}^{\infty} \begin{pmatrix} \gamma+m+1 \\ s \end{pmatrix} \begin{pmatrix} \gamma-m+1 \\ k-n-m+s \end{pmatrix} \beta^{2s} \mathrm{J}_n(ke)$$

$$(3.63)$$

由此可见，Laplace 系数表达式与 Wnuk 表达式(3.17)等价。但是，这又提供了一种计算 Hansen 系数的方法：只要计算出广义 Laplace 系数和 Bessel 函数，即可得到 Hansen 系数。

Lion 和 Métris[22]在研究偏近点角的类 Hansen 系数时，给出了一种很稳定、精度很高的广义 Laplace 系数递推方法，递推计算没有奇点。但是，这种方法并不适用于计算 $b_{-\gamma-1+m,-\gamma-1-m}^{(k-n-m)}$，递推关系式(3.62)对上标 k 的递推均有奇点。因此，要计算平近点角的 Hansen 系数，仍需进一步研究广义 Laplace 系数的计算方法。在没有很好的递推计算方法之前，Hansen 系数的 Laplace 系数计算方法，只能还原为 Wnuk 计算方法[12]。

3.1.5　定积分表达式

Hansen 系数 $X_k^{n,m}$ 的定义为

$$\left(\frac{r}{a}\right)^n \exp(\mathrm{j}mf) = \sum_{k=-\infty}^{\infty} X_k^{n,m} \exp(\mathrm{j}kM)$$

根据三角函数的正交性，得到 Hansen 系数 $X_k^{n,m}$ 的定积分表达式：

$$X_k^{n,m} = \frac{1}{2\pi} \int_0^{2\pi} \left(\frac{r}{a}\right)^n \cos(mf-kM) \mathrm{d}M \qquad (3.64)$$

定积分表达式(3.64)的积分变量是平近点角 M。但是，试算证明，利用偏近点角 E 作为积分变量，定积分计算精度更高。这样，Hansen 系数的定积分表达式就化为

$$X_k^{n,m} = \frac{1}{\pi}\int_0^\pi \left(\frac{r}{a}\right)^{n+1}\cos(mf - kM)\,\mathrm{d}E \tag{3.65}$$

基于表达式(3.64)和(3.65),通过定积分方法进行计算,即可得到 Hansen 系数。这是一种最直接的 Hansen 系数计算方法,它最容易理解,也能够保证计算精度,但不能保证计算结果的有效数字。利用 Hansen 系数的对称性 $X_k^{n,m} = X_{-k}^{n,-m}$(或 $G_{lpq} = G_{l,l-p,-q}$),Hansen 系数的定积分计算量可以节省接近一半。

3.2 Hansen 系数的核

在无奇点摄动理论中,需要计算 Hansen 系数的核 $K_t^{n,s}$,其定义为

$$K_t^{n,s} = X_t^{n,s}e^{-|t-s|} \tag{3.66}$$

由于 Hansen 系数的 Hill 表达式中没有 $e^{|t-s|}$ 的因子,计算 $K_t^{n,s}$ 不方便。这时,只能利用式(3.38)、(3.39)和(3.10)计算。

根据式(3.38),有

$$K_t^{n,s} = A\sum_{i=0}^\infty \mathrm{L}_{i+a}^{(n-t+1)}(\mu)\mathrm{L}_{i+b}^{(n+t+1)}(-\mu)\beta^{2i} \tag{3.67}$$

其中,

$$A = (1-\beta^2)^{2n+3}(1+\beta^2)^{-(n+1)}\left(-\frac{1+\beta^2}{2}\right)^{|t-s|} \tag{3.68}$$

与 Hansen 系数 $X_t^{n,s}$ 相比可见,如果将 Hansen 系数的核 $K_t^{n,s}$ 的表达式(3.67)中的 A 换成 $A = (1-\beta^2)^{2n+3}(1+\beta^2)^{-(n+1)}(-\beta)^{|t-s|}$,计算结果即为 Hansen 系数 $X_t^{n,s}$。

同理,根据式(3.39),有

$$K_t^{n,s} = B\sum_{i=0}^\infty \mathrm{L}_{i+a}^{(n-s-i-a+1)}(\nu)\mathrm{L}_{i+b}^{(n+s-i-b+1)}(-\nu)\beta^{2i} \tag{3.69}$$

其中,

$$B = (1+\beta^2)^{-(n+1)}\left(-\frac{1+\beta^2}{2}\right)^{|t-s|} \tag{3.70}$$

同样,如果将 Hansen 系数的核 $K_t^{n,s}$ 的表达式(3.69)中的 B 换成 $B = (1+\beta^2)^{-(n+1)}(-\beta)^{|t-s|}$,计算结果即为 Hansen 系数 $X_t^{n,s}$。利用式(3.67)和(3.69)的 Hansen 系数的核 $K_t^{n,s}$ 的计算方法,与利用式(3.38)和(3.39)的 Hansen 系数的计算方法相

同。相应地，利用式(3.67)和(3.69)，Hansen 系数核的导数，可用下式计算：

$$\frac{\mathrm{d}K_t^{n,s}}{\mathrm{d}e} = 2e\,\frac{\mathrm{d}K_t^{n,s}}{\mathrm{d}e^2}$$

$$\frac{\mathrm{d}K_t^{n,s}}{\mathrm{d}e^2} = \frac{\mathrm{d}K_t^{n,s}}{\mathrm{d}\beta^2}\frac{\mathrm{d}\beta^2}{\mathrm{d}e^2} = \frac{(1+\beta^2)^3}{4(1-\beta^2)}\frac{\mathrm{d}K_t^{n,s}}{\mathrm{d}\beta^2}$$

(3.71)

根据式(3.10)，有

$$K_{m+s}^{n,m} = \left(-\frac{1}{2}\right)^s \sum_{t=0}^{\infty}\left(\frac{e}{2}\right)^{2t}\left\{\sum_{j=0}^{t}\sum_{p=0}^{j}\begin{pmatrix} n+m+1 \\ j-p \end{pmatrix}X_p\sum_{q=0}^{s+j}\begin{pmatrix} n-m+1 \\ s+j-q \end{pmatrix}\right.$$

$$\left.X_q\left[\begin{pmatrix} k \\ t-j \end{pmatrix} - \begin{pmatrix} k \\ t-j-1 \end{pmatrix}\right]\right\}$$

当然，如果指标 $s<0$，上式中的指标 m 和 s 也需同时改变符号。此时，Hansen 系数核的导数，只需直接对 e 求导即可得到。

3.3　Hansen 系数导数的直接计算方法

3.3.1　定积分方法的导数计算

对式(3.64)进行微分，即得利用平近点角 M 作为积分变量的 Hansen 系数导数的定积分表达式：

$$\frac{\mathrm{d}X_k^{n,m}}{\mathrm{d}e} = \frac{1}{2\pi}\int_0^{2\pi} -\left(\frac{r}{a}\right)^n\left[n\frac{a}{r}\cos f\cos(mf-kM)\right.$$

$$\left. + \frac{m}{1-e^2}(2+e\cos f)\sin f\sin(mf-kM)\right]\mathrm{d}M$$

(3.72)

对式(3.65)进行微分，即得利用偏近点角 E 作为积分变量的 Hansen 系数导数的定积分表达式：

$$\frac{\mathrm{d}X_k^{n,m}}{\mathrm{d}e} = \frac{1}{\pi}\int_0^{\pi} -\left(\frac{r}{a}\right)^{n+1}\left[n\frac{a}{r}\cos f\cos(mf-kM)\right.$$

$$\left. + \frac{m}{1-e^2}(2+e\cos f)\sin f\sin(mf-kM)\right]\mathrm{d}E$$

(3.73)

3.3.2 用 Hansen 系数计算导数

Challe 和 Laclaverie 给出了一对计算 Hansen 系数导数的公式[23]（具体推导参见附录 A.2）：

$$
\begin{aligned}
2e(1-e^2)\frac{\mathrm{d}X_k^{n,m}}{\mathrm{d}e} &= \left[2m+(m-n)e^2-2k(1-e^2)^{3/2}\right]X_k^{n,m} \\
&\quad +(4m-2n)eX_k^{n,m+1}+(m-n)e^2X_k^{n,m+2}
\end{aligned}
$$

$$(3.74\mathrm{a})$$

$$
\begin{aligned}
2e(1-e^2)\frac{\mathrm{d}X_k^{n,m}}{\mathrm{d}e} &= -\left[2m+(n+m)e^2-2k(1-e^2)^{3/2}\right]X_k^{n,m} \\
&\quad -(2n+4m)eX_k^{n,m-1}-(n+m)e^2X_k^{n,m-2}
\end{aligned}
$$

$$(3.74\mathrm{b})$$

Wnuk 建议采用式(3.74b)计算 Hansen 系数的导数[12]，虽然该公式看上去有 $e=0$ 的奇点，但是可以化为没有奇点的计算。实际上，式(3.74b)可以表达为

$$
\begin{aligned}
2(1-e^2)\frac{\mathrm{d}X_k^{n,m}}{\mathrm{d}e} &= -\frac{2(m-k)}{e}X_k^{n,m}-(n+m)eX_k^{n,m}-2k\frac{1-(1-e^2)^{3/2}}{e}X_k^{n,m} \\
&\quad -(2n+4m)X_k^{n,m-1}-(n+m)eX_k^{n,m-2}
\end{aligned}
$$

由于 $X_k^{n,m}$ 在 $m-k\neq0$ 时含有 e 的因子，以及

$$
\frac{1-(1-e^2)^{3/2}}{e}=\frac{1-(1-e^2)^{1/2}+(1-e^2)^{1/2}\left[1-(1-e^2)\right]}{e}=\beta+e(1-e^2)^{1/2}
$$

因此，式(3.74b)实质上没有 e 分母，但在计算时需要做多次判别。式(3.74b)的另一个问题是，式中的 $X_k^{n,m-1}$ 不能化为偏心率函数。但是，该方法的计算量较小，只需要额外计算 2 个 Hansen 系数即可。

采用 Giacaglia 给出的如下公式[13]，可以避免 e 分母：

$$
\frac{\mathrm{d}X_k^{n,m}}{\mathrm{d}e}=\frac{2m-n}{2}X_k^{n-1,m+1}-\frac{n+2m}{2}X_k^{n-1,m-1}-\frac{me}{4(1-e^2)}(X_k^{n,m+2}-X_k^{n,m-2})
$$

$$
\begin{aligned}
\frac{\mathrm{d}G_{lpq}}{\mathrm{d}e}&=\frac{3l-4p+1}{2}G_{l+1,p,q-1}-\frac{l-4p-1}{2}G_{l+1,p+1,q+1} \\
&\quad -\frac{(l-2p)e}{4(1-e^2)}(G_{l,p-1,q-2}-G_{l,p+1,q+2})
\end{aligned}
$$

$$(3.75)$$

但是，相应的计算量会增加，计算一个导数需要计算 4 个 Hansen 系数。

3.3.3　直接求导方法

利用 Hansen 系数的表达式(3.10)、(3.17)、(3.23)、(3.38)和(3.39)，对偏心率 e 直接求导数，也可以得到 Hansen 系数导数的计算公式。下文具体介绍这几种直接求导得到的公式。

1. 式(3.38)直接求导

根据式(3.38)，有

$$X_t^{n,s} = AK\left(-\frac{e}{2}\right)^{|t-s|} \tag{3.76}$$

其中，

$$K = \sum_{i=0}^{\infty} L_{i+a}^{(n-t+1)}(\mu) L_{i+b}^{(n+t+1)}(-\mu)\beta^{2i} \tag{3.77}$$

$$A = (1-\beta^2)^{2n+3}(1+\beta^2)^{-(n+1)+|t-s|}, \quad \mu = t(1-\beta^2)/(1+\beta^2) \tag{3.78}$$

利用广义 Laguerre 多项式导数计算公式：

$$\frac{dL_n^{(\alpha)}(x)}{dx} = -L_{n-1}^{(\alpha+1)}(x)$$

并定义

$$\frac{dLL}{d\mu} \equiv \frac{d\left[L_{i+a}^{(n-t+1)}(\mu)L_{i+b}^{(n+t+1)}(-\mu)\right]}{d\mu}$$

$$= L_{i+a}^{(n-t+1)}(\mu)L_{i+b-1}^{(n+t+2)}(-\mu) - L_{i+a-1}^{(n-t+2)}(\mu)L_{i+b}^{(n+t+1)}(-\mu)$$

将式(3.76)对 e 求导数，即可得到 Hansen 系数导数的计算表达式：

$$\frac{dX_t^{n,s}}{de} = \left(\frac{dA}{d\beta^2}K + A\frac{dK}{d\beta^2}\right)\left(-\frac{e}{2}\right)^{|t-s|}\frac{d\beta^2}{de} + AK\left(-\frac{1}{2}\right)^{|t-s|}|t-s|e^{|t-s|-1}$$

$$\tag{3.79}$$

其中，

$$\frac{\mathrm{d}A}{\mathrm{d}\beta^2} = A\left[\frac{-(2n+3)}{1-\beta^2} + \frac{-(n+1)+|t-s|}{1+\beta^2}\right]$$

$$\frac{\mathrm{d}K}{\mathrm{d}\beta^2} = \sum_{i=0}^{\infty}\left[\frac{\mathrm{dLL}}{\mathrm{d}\mu}\frac{\mathrm{d}\mu}{\mathrm{d}\beta^2}\beta^{2i} + i\mathrm{L}_{i+a}^{(n-t+1)}(\mu)\mathrm{L}_{i+b}^{(n+t+1)}(-\mu)\beta^{2i-2}\right]$$ (3.80)

$$\frac{\mathrm{d}\beta^2}{\mathrm{d}e} = \frac{e(1+\beta^2)^3}{2(1-\beta^2)}$$

$$\frac{\mathrm{d}\mu}{\mathrm{d}\beta^2} = -2t(1+\beta^2)^{-2}$$

2. 式(3.39)直接求导

根据式(3.39),有

$$X_t^{n,s} = AK\left(-\frac{e}{2}\right)^{|t-s|}$$ (3.81)

其中,

$$K = \sum_{i=0}^{\infty}\mathrm{L}_{i+a}^{(n-s-i-a+1)}(\nu)\mathrm{L}_{i+b}^{(n+s-i-b+1)}(-\nu)\beta^{2i}$$ (3.82)

$$A = (1+\beta^2)^{-(n+1)+|t-s|}, \quad \nu = t/(1+\beta^2)$$ (3.83)

定义

$$\frac{\mathrm{dLL}}{\mathrm{d}\nu} \equiv \frac{\mathrm{d}\left[\mathrm{L}_{i+a}^{(n-s-i-a+1)}(\nu)\mathrm{L}_{i+b}^{(n+s-i-b+1)}(-\nu)\right]}{\mathrm{d}\nu}$$

$$= \mathrm{L}_{i+a}^{(n-s-i-a+1)}(\nu)\mathrm{L}_{i+b-1}^{(n+s-i-b+2)}(-\nu) - \mathrm{L}_{i+a-1}^{(n-s-i-a+2)}(\nu)\mathrm{L}_{i+b}^{(n+s-i-b+1)}(-\nu)$$

将式(3.81)对 e 求导数,即可得到 Hansen 系数导数的计算表达式:

$$\frac{\mathrm{d}X_t^{n,s}}{\mathrm{d}e} = \left(\frac{\mathrm{d}A}{\mathrm{d}\beta^2}K + A\frac{\mathrm{d}K}{\mathrm{d}\beta^2}\right)\left(-\frac{e}{2}\right)^{|t-s|}\frac{\mathrm{d}\beta^2}{\mathrm{d}e} + AK\left(-\frac{1}{2}\right)^{|t-s|}|t-s|e^{|t-s|-1}$$

(3.84)

其中,

$$\frac{\mathrm{d}A}{\mathrm{d}\beta^2} = A\left[\frac{-(n+1)+|t-s|}{1+\beta^2}\right]$$

$$\frac{\mathrm{d}K}{\mathrm{d}\beta^2} = \sum_{i=0}^{\infty}\left[\frac{\mathrm{dLL}}{\mathrm{d}\nu}\frac{\mathrm{d}\nu}{\mathrm{d}\beta^2}\beta^{2i} + i\mathrm{L}_{i+a}^{(n-s-i-a+1)}(\nu)\mathrm{L}_{i+b}^{(n+s-i-b+1)}(-\nu)\beta^{2i-2}\right]$$

$$\frac{\mathrm{d}\beta^2}{\mathrm{d}e} = \frac{e(1+\beta^2)^3}{2(1-\beta^2)}$$

$$\frac{\mathrm{d}\nu}{\mathrm{d}\beta^2} = -t/(1+\beta^2)^2$$

(3.85)

3. 式(3.10)直接求导

将式(3.10)对 e 求导数,得到下列 Hansen 系数导数的计算表达式:

$$\frac{\mathrm{d}X_{m+s}^{n,m}}{\mathrm{d}e} = (-1)^s \sum_{t=0}^{\infty}\left\{\sum_{j=0}^{t}\sum_{p=0}^{j}\begin{pmatrix} n+m+1 \\ j-p \end{pmatrix} X_p \sum_{q=0}^{s+j}\begin{pmatrix} n-m+1 \\ s+j-q \end{pmatrix} X_q \right.$$

$$\left. \times\left[\begin{pmatrix} k \\ t-j \end{pmatrix} - \begin{pmatrix} k \\ t-j-1 \end{pmatrix}\right]\right\}\frac{2t+s}{2}\left(\frac{e}{2}\right)^{2t+s-1} \tag{3.86}$$

当然,也需注意在指标 $s<0$ 时,上式中的指标 m 和 s 均改变符号,式中其他符号参见式(3.10)。

4. 式(3.17)直接求导

Hansen 系数计算表达式(3.17),可改写为

$$X_k^{n,m} = \sum_{t=-\infty}^{\infty}\sum_{s=0}^{\infty}\begin{pmatrix} n\mp m+1 \\ |k-t-m|+s \end{pmatrix}\begin{pmatrix} n\pm m+1 \\ s \end{pmatrix} A(\beta)\mathrm{J}_t(ke) \tag{3.87}$$

其中,

$$A(\beta) = (1+\beta^2)^{-(n+1)}(-\beta)^{|k-t-m|}\beta^{2s}$$

式(3.87)中 m 前的正负号,可以根据 $k-t-m$ 是否大于 0 来确定。

于是,将式(3.87)对 e 求导数,得到 Hansen 系数导数的计算表达式:

$$\frac{\mathrm{d}X_k^{n,m}}{\mathrm{d}e} = \sum_{t=-\infty}^{\infty}\sum_{s=0}^{\infty}\begin{pmatrix} n\mp m+1 \\ |k-t-m|+s \end{pmatrix}\begin{pmatrix} n\pm m+1 \\ s \end{pmatrix}$$

$$\times\left[\frac{\mathrm{d}A(\beta)}{\mathrm{d}\beta}\frac{\mathrm{d}\beta}{\mathrm{d}e}\mathrm{J}_t(ke) + A(\beta)k\frac{\mathrm{d}\mathrm{J}_t(ke)}{\mathrm{d}(ke)}\right] \tag{3.88}$$

$$\frac{\mathrm{d}A(\beta)}{\mathrm{d}\beta} = A(\beta)\left[\frac{-2\beta(n+1)}{1+\beta^2} + \frac{2s+|k-t-m|}{\beta}\right]$$

$$\frac{\mathrm{d}\beta}{\mathrm{d}e} = \frac{(1+\beta^2)^2}{2(1-\beta^2)} \tag{3.89}$$

$$\frac{\mathrm{d}\mathrm{J}_t(ke)}{\mathrm{d}(ke)} = \frac{1}{2}\left[\mathrm{J}_{t-1}(ke) - \mathrm{J}_{t+1}(ke)\right]$$

5. 式(3.23)直接求导

偏心率函数计算表达式(3.23),可改写为

$$G_{lpq} = \sum_{s=0}^{s_1}\sum_{t=0}^{t_1}\begin{pmatrix} 2l-2p+s-1 \\ s \end{pmatrix}\begin{pmatrix} 2p+t-1 \\ t \end{pmatrix} A(\beta)\mathrm{J}_{q-s+t}(ke) \tag{3.90}$$

其中，

$$A(\beta) = (1 + \beta^2)^l \beta^{s+t}$$

于是，将式(3.90)对 e 求导数，得到偏心率函数导数的计算表达式：

$$\frac{\mathrm{d}G_{lpq}}{\mathrm{d}e} = \sum_{s=0}^{s_1} \sum_{t=0}^{t_1} \binom{2l - 2p + s - 1}{s} \binom{2p + t - 1}{t}$$

$$\times \left[\frac{\mathrm{d}A(\beta)}{\mathrm{d}\beta} \frac{\mathrm{d}\beta}{\mathrm{d}e} \mathrm{J}_{q-s+t}(ke) + A(\beta) k \frac{\mathrm{d}\mathrm{J}_{q-s+t}(ke)}{\mathrm{d}(ke)} \right] \quad (3.91)$$

其中，

$$\frac{\mathrm{d}A(\beta)}{\mathrm{d}\beta} = A(\beta) \left(\frac{2l\beta}{1 + \beta^2} + \frac{t + s}{\beta} \right)$$

$$\frac{\mathrm{d}\beta}{\mathrm{d}e} = \frac{(1 + \beta^2)^2}{2(1 - \beta^2)} \quad (3.92)$$

$$\frac{\mathrm{d}\mathrm{J}_{q-s+t}(ke)}{\mathrm{d}(ke)} = \frac{1}{2} \left[\mathrm{J}_{q-s+t-1}(ke) - \mathrm{J}_{q-s+t+1}(ke) \right]$$

3.4 试算情况

前面，我们介绍了许多种 Hansen 系数的直接计算方法，给出了相应的 Hansen 系数计算表达式，其中许多计算表达式是等价的，如下 6 个计算表达式是独立的：

（1）Balmino 表达式(3.10)，相应的 Hansen 系数直接计算方法称为 Balmino 方法；

（2）两个 Hill 表达式——Wnuk 表达式(3.17)和 Giacaglia 表达式(3.23)，相应的 Hansen 系数直接计算方法分别称为 Wnuk 方法和 Giacaglia 方法；

（3）两个 Hansen 表达式——McClain 表达式(3.38)和(3.39)，相应的 Hansen 系数直接计算方法分别称为 McClain 方法 1 和 McClain 方法 2；

（4）定积分表达式(3.65)，相应的 Hansen 系数直接计算方法称为定积分方法。

需要说明的是，本专著给出的相关计算方法的数学表达式中，求和指标的符号遵照了原文献的形式，以便读者查阅原文。

为了比较分析，我们编制了这些 Hansen 系数及其导数的直接计算方法的 Fortran 程序(参见附录 D.2)，包括：

（1）Balmino 方法，即表达式（3.10）和（3.86），其中指标 t 的求和限为 0～50；

（2）Wnuk 方法，即表达式（3.17）和（3.74b），或表达式（3.87）和（3.74b），其中指标 s 的求和限为 0～70，指标 t 的求和限为 -70～70；

（3）Wnuk 直接求导方法，即表达式（3.17）和（3.88），或表达式（3.87）和（3.88），其中指标 s 的求和限为 0～70，指标 t 的求和限为 -70～70，注意 Wnuk 方法和 Wnuk 直接求导方法中 Hansen 系数的计算表达式相同，而 Hansen 系数导数的计算表达式不同；

（4）Giacaglia 方法，即表达式（3.23）和（3.91），或表达式（3.90）和（3.91），其中，当指标 $l \neq p$ 时，指标 s 的求和限为 0～70，当指标 $p \neq 0$ 时，指标 t 的求和限为 0～70；

（5）McClain 方法 1，即表达式（3.38）和（3.79），或表达式（3.76）和（3.79），其中指标 i 的求和限为 0～70；

（6）McClain 方法 2，即表达式（3.39）和（3.84），或表达式（3.81）和（3.84），其中指标 i 的求和限为 0～70；

（7）定积分方法，即表达式（3.65）和（3.73），使用分段两点 Gauss 积分方法，分段数为 2 000。

Wnuk 对相关 Hansen 系数及其导数的直接计算方法，有过简约的评价[12]：

（1）利用改造 Bessel 函数（渐近展开）算法的 Wnuk 方法，对应 Hansen 系数 Hill 表达式（3.17）和 Hansen 系数导数计算表达式（3.74b），是数字稳定的，对于偏心率 $e<1$ 以及高阶 l、p 和 q，能进行偏心率函数 $G_{lpq} = X_{l-2p+q}^{-(l+1),l-2p}$ 及其导数的快速计算；

（2）Kaula 方法[18]，对应 Hansen 表达式（3.45），与 McClain 方法 2 的表达式（3.39）本质上相同，对于大偏心率是数字不稳定的；

（3）定积分方法，对应定积分表达式（3.65），对于大偏心率情形计算得很好，但由于计算时间和数字不稳定性，在实际应用中对高阶 l、p 和 q 的偏心率函数计算受到限制。

3.4.1　Hansen 系数计算结果

利用编制的上述 Hansen 系数及其导数的直接计算方法的 Fortran 程序进行试

算，Hansen 系数的试算结果如表 3.3～3.5 所示。

表 3.3　Hansen 系数算例($e = 0.1$)

l	p	q	k	Balmino 方法，式(3.10)	Wnuk 方法，式(3.17)或(3.87)	Giacaglia 方法，式(3.23)或(3.90)
2	0	-6	-4	$8.933773426754E-08$	$8.933773426754E-08$	$8.933773426754E-08$
2	0	-5	-3	$6.368016123798E-07$	$6.368016123798E-07$	$6.368016123798E-07$
2	0	-4	-2	$4.196062556964E-06$	$4.196062556964E-06$	$4.196062556964E-06$
2	0	-3	-1	$2.097758902378E-05$	$2.097758902378E-05$	$2.097758902378E-05$
2	0	-2	0	$0.000000000000E+00$	$0.000000000000E+00$	$0.000000000000E+00$
2	0	-1	1	$-4.993763099038E-02$	$-4.993763099038E-02$	$-4.993763099038E-02$
2	0	0	2	$9.750811283840E-01$	$9.750811283840E-01$	$9.750811283840E-01$
2	0	1	3	$3.423506171233E-01$	$3.423506171233E-01$	$3.423506171233E-01$
2	0	2	4	$8.309581470911E-02$	$8.309581470911E-02$	$8.309581470911E-02$
2	0	3	5	$1.718403933461E-02$	$1.718403933461E-02$	$1.718403933461E-02$
2	0	4	6	$3.245640680805E-03$	$3.245640680805E-03$	$3.245640680805E-03$
2	0	5	7	$5.781706326503E-04$	$5.781706326503E-04$	$5.781706326503E-04$
2	0	6	8	$9.886019079453E-05$	$9.886019079453E-05$	$9.886019079453E-05$
2	1	-6	-6	$9.858368157687E-06$	$9.858368157687E-06$	$9.858368157687E-06$
2	1	-5	-5	$6.918031769307E-05$	$6.918031769307E-05$	$6.918031769307E-05$
2	1	-4	-4	$4.820846127921E-04$	$4.820846127921E-04$	$4.820846127921E-04$
2	1	-3	-3	$3.328095902056E-03$	$3.328095902056E-03$	$3.328095902056E-03$
2	1	-2	-2	$2.267722802380E-02$	$2.267722802380E-02$	$2.267722802380E-02$
2	1	-1	-1	$1.517081261347E-01$	$1.517081261347E-01$	$1.517081261347E-01$
2	1	0	0	$1.015189712383E+00$	$1.015189712383E+00$	$1.015189712383E+00$
2	1	1	1	$1.517081261347E-01$	$1.517081261347E-01$	$1.517081261347E-01$
2	1	2	2	$2.267722802380E-02$	$2.267722802380E-02$	$2.267722802380E-02$
2	1	3	3	$3.328095902056E-03$	$3.328095902056E-03$	$3.328095902056E-03$
2	1	4	4	$4.820846127921E-04$	$4.820846127921E-04$	$4.820846127921E-04$
2	1	5	5	$6.918031769307E-05$	$6.918031769307E-05$	$6.918031769307E-05$
2	1	6	6	$9.858368157687E-06$	$9.858368157687E-06$	$9.858368157687E-06$

（续表）

l	p	q	k	McClain 方法 1, 式(3.38) 或(3.76)	McClain 方法 2, 式(3.39)或(3.81)	定积分方法, 式(3.65)
2	0	-6	-4	$8.933773426754\mathrm{E}-08$	$8.933773426754\mathrm{E}-08$	$8.933773434533\mathrm{E}-08$
2	0	-5	-3	$6.368016123798\mathrm{E}-07$	$6.368016123798\mathrm{E}-07$	$6.368016124214\mathrm{E}-07$
2	0	-4	-2	$4.196062556964\mathrm{E}-06$	$4.196062556964\mathrm{E}-06$	$4.196062556998\mathrm{E}-06$
2	0	-3	-1	$2.097758902378\mathrm{E}-05$	$2.097758902378\mathrm{E}-05$	$2.097758902332\mathrm{E}-05$
2	0	-2	0	$0.000000000000\mathrm{E}+00$	$1.114890262054\mathrm{E}-135$	$-4.259925745487\mathrm{E}-16$
2	0	-1	1	$-4.993763099038\mathrm{E}-02$	$-4.993763099038\mathrm{E}-02$	$-4.993763099038\mathrm{E}-02$
2	0	0	2	$9.750811283840\mathrm{E}-01$	$9.750811283840\mathrm{E}-01$	$9.750811283840\mathrm{E}-01$
2	0	1	3	$3.423506171233\mathrm{E}-01$	$3.423506171233\mathrm{E}-01$	$3.423506171233\mathrm{E}-01$
2	0	2	4	$8.309581470911\mathrm{E}-02$	$8.309581470911\mathrm{E}-02$	$8.309581470912\mathrm{E}-02$
2	0	3	5	$1.718403933461\mathrm{E}-02$	$1.718403933461\mathrm{E}-02$	$1.718403933461\mathrm{E}-02$
2	0	4	6	$3.245640680805\mathrm{E}-03$	$3.245640680805\mathrm{E}-03$	$3.245640680805\mathrm{E}-03$
2	0	5	7	$5.781706326503\mathrm{E}-04$	$5.781706326503\mathrm{E}-04$	$5.781706326504\mathrm{E}-04$
2	0	6	8	$9.886019079453\mathrm{E}-05$	$9.886019079453\mathrm{E}-05$	$9.886019079444\mathrm{E}-05$
2	1	-6	-6	$9.858368157687\mathrm{E}-06$	$9.858368157687\mathrm{E}-06$	$9.858368157794\mathrm{E}-06$
2	1	-5	-5	$6.918031769307\mathrm{E}-05$	$6.918031769307\mathrm{E}-05$	$6.918031769320\mathrm{E}-05$
2	1	-4	-4	$4.820846127921\mathrm{E}-04$	$4.820846127921\mathrm{E}-04$	$4.820846127920\mathrm{E}-04$
2	1	-3	-3	$3.328095902056\mathrm{E}-03$	$3.328095902056\mathrm{E}-03$	$3.328095902056\mathrm{E}-03$
2	1	-2	-2	$2.267722802380\mathrm{E}-02$	$2.267722802380\mathrm{E}-02$	$2.267722802380\mathrm{E}-02$
2	1	-1	-1	$1.517081261347\mathrm{E}-01$	$1.517081261347\mathrm{E}-01$	$1.517081261347\mathrm{E}-01$
2	1	0	0	$1.015189712383\mathrm{E}+00$	$1.015189712383\mathrm{E}+00$	$1.015189712383\mathrm{E}+00$
2	1	1	1	$1.517081261347\mathrm{E}-01$	$1.517081261347\mathrm{E}-01$	$1.517081261347\mathrm{E}-01$
2	1	2	2	$2.267722802380\mathrm{E}-02$	$2.267722802380\mathrm{E}-02$	$2.267722802380\mathrm{E}-02$
2	1	3	3	$3.328095902056\mathrm{E}-03$	$3.328095902056\mathrm{E}-03$	$3.328095902056\mathrm{E}-03$
2	1	4	4	$4.820846127921\mathrm{E}-04$	$4.820846127921\mathrm{E}-04$	$4.820846127920\mathrm{E}-04$
2	1	5	5	$6.918031769307\mathrm{E}-05$	$6.918031769307\mathrm{E}-05$	$6.918031769320\mathrm{E}-05$
2	1	6	6	$9.858368157687\mathrm{E}-06$	$9.858368157687\mathrm{E}-06$	$9.858368157794\mathrm{E}-06$

　　由表 3.3 可见,各种方法的计算结果符合得很好,这说明对于小偏心率,Hansen 系数的各种直接计算方法,均可满足精度要求;而且也表明,本专著给出的 Hansen

系数计算公式和我们编制的 Fortran 程序,均没有问题。

表 3.4　Hansen 系数算例($e = 0.75$)

l	p	q	k	Balmino 方法, 式(3.10)	Wnuk 方法, 式(3.17)或(3.87)	Giacaglia 方法, 式(3.23)或(3.90)
2	0	0	2	$-1.731234895046E-01$	$-1.731234895046E-01$	$-1.731234895046E-01$
2	0	1	3	$1.777658131087E-01$	$1.777658131087E-01$	$1.777658131087E-01$
2	0	2	4	$5.848818366188E-01$	$5.848818366188E-01$	$5.848818366188E-01$
2	0	3	5	$9.915543956460E-01$	$9.915543956460E-01$	$9.915543956460E-01$
2	0	4	6	$1.367580969223E+00$	$1.367580969223E+00$	$1.367580969223E+00$
2	0	5	7	$1.697429520264E+00$	$1.697429520264E+00$	$1.697429520264E+00$
2	0	6	8	$1.974320850707E+00$	$1.974320850707E+00$	$1.974320850707E+00$
2	0	7	9	$2.196833454866E+00$	$2.196833454866E+00$	$2.196833454866E+00$
2	0	8	10	$2.366808728706E+00$	$2.366808728706E+00$	$2.366808728706E+00$
2	0	9	11	$2.488005529897E+00$	$2.488005529897E+00$	$2.488005529897E+00$
2	0	10	12	$2.565218400475E+00$	$2.565218400474E+00$	$2.565218400474E+00$
2	0	11	13	$2.603696309314E+00$	$2.603696309315E+00$	$2.603696309315E+00$
2	0	12	14	$2.608762137585E+00$	$2.608762137586E+00$	$2.608762137586E+00$
2	0	13	15	$2.585568795367E+00$	$2.585568795368E+00$	$2.585568795368E+00$
2	0	14	16	$2.538949276973E+00$	$2.538949276974E+00$	$2.538949276974E+00$
2	0	15	17	$2.473331486938E+00$	$2.473331486944E+00$	$2.473331486944E+00$
2	0	16	18	$2.392697545777E+00$	$2.392697545767E+00$	$2.392697545767E+00$

l	p	q	k	McClain 方法 1, 式(3.38)或(3.76)	McClain 方法 2, 式(3.39)或(3.81)	定积分方法, 式(3.65)
2	0	0	2	$-1.731234895046E-01$	$-1.731234895046E-01$	$-1.731234895046E-01$
2	0	1	3	$1.777658131087E-01$	$1.777658131087E-01$	$1.777658131087E-01$
2	0	2	4	$5.848818366188E-01$	$5.848818366188E-01$	$5.848818366188E-01$
2	0	3	5	$9.915543956460E-01$	$9.915543956460E-01$	$9.915543956460E-01$
2	0	4	6	$1.367580969223E+00$	$1.367580969223E+00$	$1.367580969223E+00$
2	0	5	7	$1.697429520264E+00$	$1.697429520264E+00$	$1.697429520264E+00$
2	0	6	8	$1.974320850707E+00$	$1.974320850707E+00$	$1.974320850707E+00$
2	0	7	9	$2.196833454866E+00$	$2.196833454866E+00$	$2.196833454866E+00$

（续表）

l	p	q	k	McClain 方法 1， 式(3.38)或(3.76)	McClain 方法 2， 式(3.39)或(3.81)	定积分方法， 式(3.65)
2	0	8	10	2.366808728706E + 00	2.366808728706E + 00	2.366808728706E + 00
2	0	9	11	2.488005529897E + 00	2.488005529897E + 00	2.488005529897E + 00
2	0	10	12	2.565218400475E + 00	2.565218400474E + 00	2.565218400475E + 00
2	0	11	13	2.603696309314E + 00	2.603696309314E + 00	2.603696309314E + 00
2	0	12	14	2.608762137586E + 00	2.608762137585E + 00	2.608762137586E + 00
2	0	13	15	2.585568795367E + 00	2.585568795368E + 00	2.585568795367E + 00
2	0	14	16	2.538949276973E + 00	2.538949276972E + 00	2.538949276973E + 00
2	0	15	17	2.473331486938E + 00	2.473331486935E + 00	2.473331486938E + 00
2	0	16	18	2.392697545777E + 00	2.392697545774E + 00	2.392697545777E + 00

　　如前文所述，Wnuk[12]指出 Kaula 方法，即式(3.45)对于大偏心率计算是不稳定的。由于 Kaula 方法的表达式(3.45)与 McClain 方法 2 的表达式(3.39)或(3.81)是等价的，那么依据 Wnuk 的观点[12]，McClain 方法 2 也是不稳定的。但是，由表3.4 可见，只要相关指标的求和上限足够大，Balmino 方法、McClain 方法 1 和 McClain 方法 2，即式(3.10)、(3.38)和(3.39)，或式(3.10)、(3.76)和(3.81)的计算结果，同样也是很好的。这表明在低阶(指标 k 比较小)的情况下，Hansen 系数的各种直接计算方法对于大偏心率也能够满足精度要求，只是有些方法收敛得较慢，但没有计算不稳定的问题。

　　Wnuk[12]指出，采用改造 Bessel 函数算法的 Wnuk 方法，即式(3.17)或(3.87)是数字稳定的，但没有考察 Giacaglia 方法、McClain 方法 1 和 McClain 方法 2，即式(3.23)、(3.38)和(3.39)，或式(3.90)、(3.76)和(3.81)是否稳定。为了说明其是否稳定，我们计算给出了偏心率 $e = 0.6$ 的算例，相关计算结果如表 3.5 所示.

表 3.5　Hansen 系数算例($e = 0.6$)

l	p	q	k	Balmino 方法， 式(3.10)	Wnuk 方法， 式(3.17)或(3.87)	Giacaglia 方法， 式(3.23)或(3.90)
30	2	−20	6	2.933226736230E − 04	2.933228305423E − 04	2.933228305424E − 04
30	2	−18	8	5.309383355001E − 04	5.309386709805E − 04	5.309386709814E − 04
30	2	−16	10	9.610462350119E − 04	9.610469516074E − 04	9.610469515368E − 04

（续表）

l	p	q	k	Balmino 方法， 式(3.10)	Wnuk 方法， 式(3.17)或(3.87)	Giacaglia 方法， 式(3.23)或(3.90)
30	2	-14	12	1.741837353609E－03	1.741838878819E－03	1.741838878990E－03
30	2	-12	14	3.145381144114E－03	3.145384429887E－03	3.145384444067E－03
30	2	-10	16	5.713014458487E－03	5.713019249437E－03	5.713019508569E－03
30	2	-8	18	9.461086721272E－03	9.461146987153E－03	9.461143694266E－03
30	2	-6	20	2.825249919785E－02	2.825215025931E－02	2.825214335873E－02
30	2	-4	22	8.225223041839E－04	8.033676578715E－04	8.034028294691E－04
30	2	-2	24	－4.021604510865E－02	－4.067986999474E－02	－4.067958336874E－02
30	2	0	26	8.428871740799E－01	8.432289687375E－01	8.432306545436E－01
30	2	2	28	1.237497202556E＋00	1.202531503930E＋00	1.202530599134E＋00
30	2	4	30	－7.293788189538E＋00	－7.368422870064E＋00	－7.368420896391E＋00
30	2	6	32	－1.660458591396E＋01	－1.596440454204E＋01	－1.596440183564E＋01
30	2	8	34	6.775794632054E－01	4.091453393401E＋01	4.091453102328E＋01
30	2	10	36	9.138903908292E＋01	1.881260389012E＋02	1.881260350363E＋02
30	2	12	38	1.528259816376E＋03	1.102086701962E＋02	1.102086656476E＋02
30	2	14	40	6.358866386921E＋03	－8.444945803511E＋02	－8.444945808309E＋02
30	2	16	42	－9.457988143437E＋02	－2.478127773453E＋03	－2.478127776352E＋03
30	2	18	44	4.031796088651E＋03	－1.719989741133E＋03	－1.719989739774E＋03
30	2	20	46	3.729702671857E＋05	7.099282454119E＋03	7.099282455750E＋03
l	p	q	k	McClain 方法 1， 式(3.38)或(3.76)	McClain 方法 2， 式(3.39)或(3.81)	定积分方法， 式(3.65)
30	2	-20	6	2.933228305424E－04	2.933228316203E－04	2.825986040143E－04
30	2	-18	8	5.309386709821E－04	5.309386721472E－04	5.177569571270E－04
30	2	-16	10	9.610469515536E－04	9.610469664404E－04	9.501852916158E－04
30	2	-14	12	1.741838879079E－03	1.741838950784E－03	1.728408552953E－03
30	2	-12	14	3.145384444781E－03	3.145384658439E－03	3.131415207725E－03
30	2	-10	16	5.713022055354E－03	5.713019138196E－03	5.698934401826E－03
30	2	-8	18	9.460862321659E－03	9.461143436325E－03	9.448181052947E－03
30	2	-6	20	2.823561066339E－02	2.825216233670E－02	2.824137621080E－02
30	2	-4	22	1.332378414479E－04	8.031214644615E－04	7.967125472328E－04

（续表）

l	p	q	k	McClain 方法 1，式(3.38)或(3.76)	McClain 方法 2，式(3.39)或(3.81)	定积分方法，式(3.65)
30	2	−2	24	−3.571464246330E−03	−4.067143402955E−02	−4.068994646337E−02
30	2	0	26	5.687372243357E−01	8.432070821565E−01	8.432180754044E−01
30	2	2	28	1.090101237776E+01	1.206212720880E+00	1.202518385562E+00
30	2	4	30	1.283979004667E+02	−7.365511398644E+00	−7.368430242571E+00
30	2	6	32	−1.078978443250E+03	−1.504783954024E+01	−1.596441418996E+01
30	2	8	34	1.268956457029E+04	3.976137189384E+01	4.091452434365E+01
30	2	10	36	4.311563486128E+04	1.344069473763E+02	1.881260025841E+02
30	2	12	38	−1.462695561734E+05	−5.309894895613E+02	1.102086582301E+02
30	2	14	40	−9.518555070635E+05	−2.373497125213E+03	−8.444946464066E+02
30	2	16	42	−2.990934231992E+06	−2.828064882188E+03	−2.478127733697E+03
30	2	18	44	6.739078334877E+06	−1.189307052720E+04	−1.719989761921E+03
30	2	20	46	1.267869828572E+08	−1.100545306505E+04	7.099281584896E+03

由表 3.5 可见，Wnuk 方法和 Giacaglia 方法，即式(3.17)和(3.23)，或式(3.87)和(3.90)的计算结果符合得较好；定积分方法，即式(3.65)的计算结果与 Wnuk 方法、Giacaglia 方法整体上一致。然而，Balmino 方法和 McClain 方法 1，即式(3.10)和(3.38)，或式(3.10)和(3.76)的计算结果，与 Wnuk 方法相比从 $q \geqslant -4$ 开始就符合得不好了；McClain 方法 2，即式(3.39)或(3.81)的计算结果，与 Wnuk 方法相比从 $q \geqslant 6$ 开始就符合得不好了。试算表明：这些方法在大偏心率高阶（指标 k 较大）的情况下，出现了不稳定的情况。这种不稳定现象的根源在于计算机字长不够，如果采用四精度运算，计算结果就稳定了。

注意：如前文所述，Wnuk 方法和 Wnuk 直接求导方法中，Hansen 系数的计算表达式相同，两种方法的 Hansen 系数计算结果显然也相同。

3.4.2　Hansen 系数导数计算结果

利用上面几种方法计算 Hansen 系数的导数，计算结果如表 3.6 和 3.7 所示。从计算结果可见：与 Hansen 系数计算的情况一样，仍然是 Wnuk 直接求导方法、Giacaglia 方法和定积分方法，即式(3.88)、(3.91)和(3.73)的计算结果较好，而

Balmino 方法、McClain 方法 1 和 McClain 方法 2，即式(3.86)、(3.79)和(3.84)在偏心率较大时有不稳定的现象。另外，尽管 Wnuk 方法和 Wnuk 直接求导方法中，Hansen 系数导数的计算表达式不同，但是两种方法的 Hansen 系数导数的计算结果符合得较好。

表 3.6 Hansen 系数导数的算例($e = 0.1$)

l	p	q	k	式(3.10)求导，即式(3.86)	式(3.17)求导，即式(3.88)	式(3.23)求导，即式(3.91)
2	0	−6	−4	5.369329705503E − 06	5.369329705503E − 06	5.369329705503E − 06
2	0	−5	−3	3.192054909411E − 05	3.192054909411E − 05	3.192054909411E − 05
2	0	−4	−2	1.684350407088E − 04	1.684350407088E − 04	1.684350407088E − 04
2	0	−3	−1	6.322334690673E − 04	6.322334690673E − 04	6.322334690673E − 04
2	0	−2	0	0.000000000000E + 00	0.000000000000E + 00	0.000000000000E + 00
2	0	−1	1	− 4.981315652851E − 01	− 4.981315652851E − 01	− 4.981315652851E − 01
2	0	0	2	− 4.967572987486E − 01	− 4.967572987486E − 01	− 4.967572987486E − 01
2	0	1	3	3.271279137771E + 00	3.271279137771E + 00	3.271279137771E + 00
2	0	2	4	1.624081428131E + 00	1.624081428131E + 00	1.624081428131E + 00
2	0	3	5	5.071858633876E − 01	5.071858633876E − 01	5.071858633876E − 01
2	0	4	6	1.281295484913E − 01	1.281295484913E − 01	1.281295484912E − 01
2	0	5	7	2.858242294190E − 02	2.858242294190E − 02	2.858242294190E − 02
2	0	6	8	5.871524104337E − 03	5.871524104337E − 03	5.871524104337E − 03
2	1	−6	−6	5.907429325512E − 04	5.907429325512E − 04	5.907429325512E − 04
2	1	−5	−5	3.457539998965E − 03	3.457539998965E − 03	3.457539998965E − 03
2	1	−4	−4	1.930064946432E − 02	1.930064946432E − 02	1.930064946432E − 02
2	1	−3	−3	1.001597346921E − 01	1.001597346921E − 01	1.001597346921E − 01
2	1	−2	−2	4.571341849402E − 01	4.571341849402E − 01	4.571341849402E − 01
2	1	−1	−1	1.551661069825E + 00	1.551661069825E + 00	1.551661069825E + 00
2	1	0	0	3.076332461767E − 01	3.076332461767E − 01	3.076332461767E − 01
2	1	1	1	1.551661069825E + 00	1.551661069825E + 00	1.551661069825E + 00
2	1	2	2	4.571341849402E − 01	4.571341849402E − 01	4.571341849402E − 01

（续表）

l	p	q	k	式(3.10)求导，即式(3.86)	式(3.17)求导，即式(3.88)	式(3.23)求导，即式(3.91)
2	1	3	3	1.001597346921E−01	1.001597346921E−01	1.001597346921E−01
2	1	4	4	1.930064946432E−02	1.930064946432E−02	1.930064946432E−02
2	1	5	5	3.457539998965E−03	3.457539998965E−03	3.457539998965E−03
2	1	6	6	5.907429325512E−04	5.907429325512E−04	5.907429325512E−04

l	p	q	k	式(3.38)求导，即式(3.79)	式(3.39)求导，即式(3.84)	定积分方法，即式(3.73)
2	0	−6	−4	5.369329705503E−06	5.369329705503E−06	5.369329705376E−06
2	0	−5	−3	3.192054909411E−05	3.192054909411E−05	3.192054909411E−05
2	0	−4	−2	1.684350407088E−04	1.684350407088E−04	1.684350407087E−04
2	0	−3	−1	6.322334690673E−04	6.322334690673E−04	6.322334690683E−04
2	0	−2	0	0.000000000000E+00	1.187588723943E−132	1.973976537784E−16
2	0	−1	1	−4.981315652851E−01	−4.981315652851E−01	−4.981315652851E−01
2	0	0	2	−4.967572987486E−01	−4.967572987486E−01	−4.967572987486E−01
2	0	1	3	3.271279137771E+00	3.271279137771E+00	3.271279137771E+00
2	0	2	4	1.624081428131E+00	1.624081428131E+00	1.624081428131E+00
2	0	3	5	5.071858633876E−01	5.071858633876E−01	5.071858633876E−01
2	0	4	6	1.281295484913E−01	1.281295484912E−01	1.281295484912E−01
2	0	5	7	2.858242294190E−02	2.858242294190E−02	2.858242294190E−02
2	0	6	8	5.871524104337E−03	5.871524104337E−03	5.871524104336E−03
2	1	−6	−6	5.907429325512E−04	5.907429325512E−04	5.907429325515E−04
2	1	−5	−5	3.457539998965E−03	3.457539998965E−03	3.457539998966E−03
2	1	−4	−4	1.930064946432E−02	1.930064946432E−02	1.930064946432E−02
2	1	−3	−3	1.001597346921E−01	1.001597346921E−01	1.001597346921E−01
2	1	−2	−2	4.571341849402E−01	4.571341849402E−01	4.571341849402E−01
2	1	−1	−1	1.551661069825E+00	1.551661069825E+00	1.551661069825E+00
2	1	0	0	3.076332461767E−01	3.076332461767E−01	3.076332461767E−01
2	1	1	1	1.551661069825E+00	1.551661069825E+00	1.551661069825E+00

（续表）

l	p	q	k	式(3.38)求导，即式(3.79)	式(3.39)求导，即式(3.84)	定积分方法，即式(3.73)
2	1	2	2	4.571341849402E − 01	4.571341849402E − 01	4.571341849402E − 01
2	1	3	3	1.001597346921E − 01	1.001597346921E − 01	1.001597346921E − 01
2	1	4	4	1.930064946432E − 02	1.930064946432E − 02	1.930064946432E − 02
2	1	5	5	3.457539998965E − 03	3.457539998965E − 03	3.457539998966E − 03
2	1	6	6	5.907429325512E − 04	5.907429325512E − 04	5.907429325515E − 04

表 3.7　Hansen 系数导数的算例（$e = 0.6$）

l	p	q	k	式(3.10)求导，即式(3.86)	式(3.17)求导，即式(3.88)	式(3.23)求导，即式(3.91)
30	2	− 20	6	2.661736715817E − 02	2.661739971325E − 02	2.661739971322E − 02
30	2	− 18	8	4.676976221774E − 02	4.676983070812E − 02	4.676983070807E − 02
30	2	− 16	10	8.210444077516E − 02	8.210458467688E − 02	8.210458467478E − 02
30	2	− 14	12	1.440176512848E − 01	1.440179529817E − 01	1.440179529563E − 01
30	2	− 12	14	2.516108351830E − 01	2.516114716841E − 01	2.516114717679E − 01
30	2	− 10	16	4.486926962216E − 01	4.486938663631E − 01	4.486938738514E − 01
30	2	− 8	18	7.163356089092E − 01	7.163418186674E − 01	7.163416955212E − 01
30	2	− 6	20	1.492764035400E + 00	1.492733619431E + 00	1.492733131324E + 00
30	2	− 4	22	3.623905077806E + 00	3.622459751844E + 00	3.622441435702E + 00
30	2	− 2	24	− 4.475814941376E + 00	− 4.513148158453E + 00	− 4.513130757659E + 00
30	2	0	26	− 2.539780445724E + 00	− 2.489694321637E + 00	− 2.489631742379E + 00
30	2	2	28	1.480646532444E + 02	1.455751879399E + 02	1.455753422300E + 02
30	2	4	30	2.028271543716E + 02	1.896002464687E + 02	1.896002830378E + 02
30	2	6	32	− 1.209845684990E + 03	− 1.143257190651E + 03	− 1.143257380209E + 03
30	2	8	34	− 6.515067615625E + 03	− 3.093514976359E + 03	− 3.093515320652E + 03
30	2	10	36	− 6.776044579618E + 03	3.504528496240E + 03	3.504529005598E + 03
30	2	12	38	1.655520039208E + 05	2.824022029641E + 04	2.824022004950E + 04
30	2	14	40	8.155317913596E + 05	4.083095978474E + 04	4.083095972905E + 04
30	2	16	42	3.079822708888E + 05	− 6.047636033005E + 04	− 6.047636028013E + 04

（续表）

l	p	q	k	式(3.10)求导，即式(3.86)	式(3.17)求导，即式(3.88)	式(3.23)求导，即式(3.91)
30	2	18	44	$-1.380885271406\text{E}+05$	$-3.520368024379\text{E}+05$	$-3.520368020707\text{E}+05$
30	2	20	46	$3.932808553908\text{E}+07$	$-5.946661635728\text{E}+05$	$-5.946661626457\text{E}+05$

l	p	q	k	式(3.38)求导，即式(3.79)	式(3.39)求导，即式(3.84)	定积分方法，即式(3.73)
30	2	-20	6	$2.661739971322\text{E}-02$	$2.661739986454\text{E}-02$	$2.551170563803\text{E}-02$
30	2	-18	8	$4.676983070807\text{E}-02$	$4.676983084617\text{E}-02$	$4.571388391172\text{E}-02$
30	2	-16	10	$8.210458467528\text{E}-02$	$8.210458642357\text{E}-02$	$8.121398238317\text{E}-02$
30	2	-14	12	$1.440179529535\text{E}-01$	$1.440179622038\text{E}-01$	$1.429985052762\text{E}-01$
30	2	-12	14	$2.516114716450\text{E}-01$	$2.516114984356\text{E}-01$	$2.509610672824\text{E}-01$
30	2	-10	16	$4.486941453135\text{E}-01$	$4.486938316979\text{E}-01$	$4.478407291042\text{E}-01$
30	2	-8	18	$7.163259095110\text{E}-01$	$7.163415852704\text{E}-01$	$7.154416090512\text{E}-01$
30	2	-6	20	$1.491503690212\text{E}+00$	$1.492735087742\text{E}+00$	$1.491900951589\text{E}+00$
30	2	-4	22	$3.500384424275\text{E}+00$	$3.622431759135\text{E}+00$	$3.621424715108\text{E}+00$
30	2	-2	24	$-2.387191291368\text{E}+00$	$-4.512588681010\text{E}+00$	$-4.514146455233\text{E}+00$
30	2	0	26	$-8.842378680474\text{E}+01$	$-2.496219237503\text{E}+00$	$-2.490747974808\text{E}+00$
30	2	2	28	$1.049968649974\text{E}+03$	$1.457966225199\text{E}+02$	$1.455743888852\text{E}+02$
30	2	4	30	$6.703722670208\text{E}+03$	$1.903142935908\text{E}+02$	$1.895991791796\text{E}+02$
30	2	6	32	$-1.142780533955\text{E}+05$	$-1.080511472251\text{E}+03$	$-1.143258511742\text{E}+03$
30	2	8	34	$1.524066036680\text{E}+06$	$-3.305353234368\text{E}+03$	$-3.093515957706\text{E}+03$
30	2	10	36	$4.499116834328\text{E}+06$	$-1.781507310351\text{E}+03$	$3.504527699258\text{E}+03$
30	2	12	38	$-3.172345379743\text{E}+07$	$-3.022726111072\text{E}+04$	$2.824021906043\text{E}+04$
30	2	14	40	$-7.087515494078\text{E}+07$	$-1.313244256416\text{E}+05$	$4.083096159104\text{E}+04$
30	2	16	42	$-4.736466724733\text{E}+08$	$3.720257340098\text{E}+04$	$-6.047636001794\text{E}+04$
30	2	18	44	$-5.366466556619\text{E}+08$	$-1.614577142640\text{E}+06$	$-3.520368051023\text{E}+05$
30	2	20	46	$-8.724955200509\text{E}+09$	$-7.396491473777\text{E}+06$	$-5.946660904052\text{E}+05$

3.4.3 计算效率

我们利用上述相关方法，计算偏心率函数 $G_{lpq} = X_{l-2p+q}^{-(l+1),l-2p}$ 及其导数（$l=2\sim 30, p=0\sim l, q=-2\sim 2, e=0.1$），各种方法的计算时间[5]如表 3.8 所示，相关结果仅供参考。计算设备的基本配置参数为：处理器 Intel® Xeon® W‑2125 CPU @ 4.00 GHz (8 CPUs)，主频约 4.0 GHz；内存 32 768 MB RAM。

表 3.8　各种方法的计算时间

计算方法	Hansen 系数计算表达式	导数计算表达式	计算时间（秒）
Balmino 方法[4]	(3.10)	(3.86)	364.127
Wnuk 方法[12]	(3.17)或(3.87)	(3.74b)	49.317
Wnuk 直接求导方法[5]	(3.17)或(3.87)	(3.88)	16.715
Giacaglia 方法[13]	(3.23)或(3.90)	(3.91)	4.827
McClain 方法 1[1,16]（双精度运算）	(3.38)或(3.76)	(3.79)	0.031
McClain 方法 1[1,16]（四精度运算）	(3.38)或(3.76)	(3.79)	0.329
McClain 方法 2[1,16]（双精度运算）	(3.39)或(3.81)	(3.84)	0.422
McClain 方法 2[1,16]（四精度运算）	(3.39)或(3.81)	(3.84)	11.607
定积分方法	(3.65)	(3.73)	0.719

由表 3.8 可见，各种方法的计算效率差别很大，在具体使用时需要注意。另外需要注意的是，目前本专著中各种计算方法所采用的相应指标的求和限未必最优，读者在使用时应根据需要进行必要的数值试验，以确定指标合适的求和限。实际上，各种计算方法中指标求和限选取，主要取决于偏心率的大小和需要计算的 Hansen 系数的阶次。

3.5　初步分析

根据上述试算情况，可以对 Hansen 系数计算得出如下初步结论：

（1）对于小偏心率（$e<0.2$）轨道，各种计算方法均可以满足计算精度的要求；

（2）对于大偏心率轨道，Wnuk 方法[12]（Wnuk 直接求导方法）和 Giacaglia 方法[13]计算结果较好；

（3）Hansen 系数计算的主要困难是计算机字长不够；

（4）计算方法的稳定性研究需要一个判别准则。

Hansen 系数计算不稳定的情况，均出现在大偏心率轨道，而小偏心率轨道没有问题。对于大偏心率轨道，分析 Hansen 系数计算丢失有效位数的原因，主要是由于 Hansen 系数计算均是由级数求和得到，即 $y = \sum x_i$。由于 x_i 中含有阶乘和二项式系数，在偏心率较大时，其数量级相差很大，求和时会损失计算精度。最糟糕的是，在求和时，数量级大的数正负相消，余下部分（即 Hansen 系数计算结果）是一个小数，如果这个小数比最大数的末位数值还小，计算结果就没有有效数字了，不稳定问题就显现出来。对于 Hansen 系数的直接计算方法，级数求和运算又是不可避免的，因此需要寻找 x_i 数量级差别较小的方法。当然，采用四精度运算是一种有效的方法。

上面对 Hansen 系数计算方法稳定性的判别，是通过算例来进行的，采用的是少数服从多数的方法。显然，这是不保险的，某种方法对于一个算例是稳定的，不能保证对于其他算例也是稳定的。因此，我们需要一个判别计算方法是否稳定的准则。对于这方面问题，在第 4 章中还将继续研究。

由于大多数人造卫星采用小偏心率轨道，使用无奇点根数的摄动计算是必须的。针对无奇点根数的摄动计算，我们需要的是 Hansen 系数核 $K_t^{n,s} = e^{-|t-s|} X_t^{n,s}$，即须从 Hansen 系数 $X_t^{n,s}$ 中提取 $e^{|t-s|}$ 因子，同时 Hansen 系数核 $K_t^{n,s}$ 本身不存在偏心率 e 为零的小分母问题。Wnuk 方法（Wnuk 直接求导方法），即式（3.17）或（3.87）不能满足这一要求，不能计算 Hansen 系数核及其导数，因而不适用于无奇点根数的摄动计算。采用双精度运算，尽管 McClain 方法 1[1,16]计算大偏心率的高阶 Hansen 系数的结果不好，但计算小偏心率的 Hansen 系数核 $K_t^{n,s}$ 及其导数 $\dfrac{\mathrm{d}K_t^{n,s}}{\mathrm{d}e}$ 很方便，适用于无奇点根数的摄动计算。采用四精度运算，McClain 方法 1[1,16]可以兼顾大小偏心率的 Hansen 系数计算，这是一种较好的选择，推荐使用这种方法。

另外，Hansen 系数计算是摄动计算的一部分，因此 Hansen 系数的计算方法，应与摄动计算一起进行综合研究。在双精度摄动计算中，是否可以采用两种 Hansen 系数计算方法呢？在双精度计算情况下，对于大偏心率轨道，基于开普勒根数系统，采用 Wnuk 方法[12]（Wnuk 直接求导方法）；对于小偏心率轨道，基于无奇点根数系统，采用 McClain 方法 1[1,16]。在没有研究出更好的方法之前，这也许是一种合理的选择,当然,在一个轨道计算软件中,采用两种根数系统,显然不是很方便。

参考文献

[1] McClain,W. D. A Recursively Formulated First-Order Semianalytic Artificial Satellite Theory Based on the Generalized Method of Averaging. Volume II. The Explicit Development of the First-Order Averaged Equations of Motion for the Nonspherical Gravitational and Nonresonant Third-Body Perturbations. NASA CR‒156783,1978.

[2] Izsak,I. G.,Gerard,J. M.,Efimba,R.,Barnett,M. P. Construction of Newcomb Operators on a Digital Computer. SAO Special Report No. 140,Smithsonian Astrophysical Observatory,1964.

[3] Cherniack,J. R. Computation of Hansen Coefficients. SAO Special Report No. 346,Smithsonian Astrophysical Observatory,1972.

[4] Balmino,G. Geodetic Satellite Orbits in the Earth's Gravity Field. Tutorials on theoretical or methodological aspects in Gravimetry,International Gravimetric Bureau,2005.

[5] 吴连大,张明江. Hansen 系数及其导数的直接计算方法.天文学报,2021,62(5):47.

[6] Gaposchkin,E. M. 1973 Smithsonian Standard Earth (III). SAO Special Report No. 353,Smithsonian Astrophysical Observatory,Cambridge,Massachusetts,1973.

[7] Plummer,H. C. An Introductory Treatise on Dynamical Astronomy. Cambridge University Press,London,1918.

[8] Branham,R. L. Recursive calculation of Hansen coefficients. Celestial Mechanics and Dynamical Astronomy,1990,49(2):209‒217.

[9] Plummer,H. C. An Introductory Treatise on Dynamical Astronomy. Dover,New York,1960.

[10] Breiter,S.,Métris,G.,Vokrouhlický,D. Generalized Hansen coefficients. Celestial Mechanics and Dynamical Astronomy,2004,88(2):153‒161.

[11] Aksenov,E. P. Special Functions in Celestial Mechanics. Nauka,Moscow,1986. (in Russian)

[12] Wnuk,E. Highly eccentric satellite orbits. Advances in Space Research,1997,19(11):1735‒1740.

[13] Giacaglia,G. E. O. A note on Hansen's coefficients in satellite theory. Celestial Mechanics,

1976，14(4)：515－523.

[14] Brouwer, D. , Clemence, G. M. Methods of Celestial Mechanics. Academic Press, New York and London，1961.

[15] Harrison J. Fast and Accurate Bessel Function Computation. 19th IEEE International Symposium on Computer Arithmetic，2009，104－113.

[16] Proulx, R. J. , McClain, W. D. Series Representations and rational approximations for Hansen coefficients. Journal of Guidance，1988，11(4)：313－319.

[17] Oesterwinter, C. Semianalytic Satellite Theory. NSWC TR 89－109，1989.

[18] Kaula, W. M. Theory of Satellite Geodesy：Applications of Satellites to Geodesy. Blaisdell Publishing Company，1966.

[19] Tisserand, F. Traiteé de Meécanique Ceéleste. Gauthier-Villars et fils，Paris，1889.

[20] Laskar, J. Note on the generalized Hansen and Laplace coefficients. Celestial Mechanics and Dynamical Astronomy，2005，91(3－4)：351－356.

[21] Laskar, J. , Robutel, P. Stability of the planetary three-body problem. Celestial Mechanics and Dynamical Astronomy，1995，62(3)：193－217.

[22] Lion, G. , Métris, G. Two algorithms to compute Hansen-like coefficients with respect to the eccentric anomaly. Advances in Space Research，2013，51(1)：1－9.

[23] Challe, A. , Laclaverie, J. J. Disturbing function and analytical solution of the problem of the motion of a satellite. Astronomy and Astrophysics，1969，3(3)：15－28.

第 4 章　Hansen 系数的递推

本章讨论指标 k 为任意整数的 Hansen 系数 $X_k^{n,m}$ 及其导数的递推计算方法，这也是本专著的重点内容之一。

4.1　Hansen 系数的递推关系

Giacaglia 和 McClain 给出了许多 Hansen 系数 $X_k^{n,m}$ 的递推公式[1,2]。本节简要回顾 Giacaglia 和 McClain 递推公式，分析指出这些递推公式中只有 5 个是独立的，并简要概述 Hansen 系数递推公式的一个显著特点。

4.1.1　Giacaglia 递推公式[1]

Hansen 系数 $X_k^{n,m}$ 的定义为

$$\left(\frac{r}{a}\right)^n \exp(\mathrm{j}mf) = \sum_{k=-\infty}^{\infty} X_k^{n,m} \exp(\mathrm{j}kM) \tag{4.1}$$

其中，r 是卫星地心距，a 是卫星轨道半长径，f 是真近点角，M 是平近点角，$\mathrm{j} = \sqrt{-1}$ 是虚数单位。将式(4.1)对平近点角 M 求导数，得

$$\frac{-ne}{2\sqrt{1-e^2}}\left(\frac{r}{a}\right)^{n-1}\left[\exp(\mathrm{j}(m+1)f) - \exp(\mathrm{j}(m-1)f)\right]$$

$$+ m\sqrt{1-e^2}\left(\frac{r}{a}\right)^{n-2}\exp(\mathrm{j}mf) \tag{4.2}$$

$$= \sum_{k=-\infty}^{\infty} kX_k^{n,m}\exp(\mathrm{j}kM)$$

再将定义式(4.1)应用于式(4.2),即可得到下列递推公式

$$kX_k^{n,m} = m \sqrt{1-e^2}\, X_k^{n-2,m} + \frac{ne}{2\sqrt{1-e^2}}(X_k^{n-1,m-1} - X_k^{n-1,m+1}) \qquad (4.3)$$

式(4.3)对所有的 n、m 和 k 均成立,若 $n \Rightarrow n+2$,则有

$$m(1-e^2)X_k^{n,m} = k\sqrt{1-e^2}\, X_k^{n+2,m} - \frac{(n+2)e}{2}(X_k^{n+1,m-1} - X_k^{n+1,m+1})$$

将 Hansen 系数换成偏心率函数,即有

$$(l-2p)(1-e^2)G_{lpq}$$

$$= (l-2p+q)\sqrt{1-e^2}\, G_{l-2,p-1,q} - \frac{(l-1)e}{2}(G_{l-1,p-1,q-1} - G_{l-1,p,q+1})$$

$$(4.4)$$

将定义式(4.1)改写为下列形式:

$$\left(\frac{r}{a}\right)^{n+1} \frac{a}{r}\exp(\mathrm{j}mf)$$

$$= \frac{1}{1-e^2}\left(\frac{r}{a}\right)^{n+1}\exp(\mathrm{j}mf) + \frac{e}{2(1-e^2)}\left(\frac{r}{a}\right)^{n+1}\left[\exp(\mathrm{j}(m+1)f) + \exp(\mathrm{j}(m-1)f)\right]$$

$$= \sum_{k=-\infty}^{\infty} X_k^{n,m}\exp(\mathrm{j}kM)$$

再将定义式(4.1)应用于上式,即可得到下列递推公式

$$(1-e^2)X_k^{n,m} = X_k^{n+1,m} + \frac{e}{2}(X_k^{n+1,m+1} + X_k^{n+1,m-1}) \qquad (4.5)$$

进一步将定义式(4.1)中的 $\left(\frac{r}{a}\right)^n$ 改写为 $\left(\frac{r}{a}\right)^n = \left(\frac{r}{a}\right)^{n+2}\left(\frac{a}{r}\right)^2$,类似地,可得

$$(1-e^2)^2 X_k^{n,m} = \left(1 + \frac{e^2}{2}\right)X_k^{n+2,m} + e(X_k^{n+2,m+1} + X_k^{n+2,m-1}) + \frac{e^2}{4}(X_k^{n+2,m+2} + X_k^{n+2,m-2})$$

$$(4.6)$$

对于式(4.5),若 $n \Rightarrow n+1$,则有

$$e(X_k^{n+2,m+1} + X_k^{n+2,m-1}) = 2(1-e^2)X_k^{n+1,m} - 2X_k^{n+2,m}$$

将式(4.5)代入上式,消去 $X_k^{n+1,m}$,可得

$$e(X_k^{n+2,m+1} + X_k^{n+2,m-1}) = 2(1-e^2)^2 X_k^{n,m} - (1-e^2)e(X_k^{n+1,m+1} + X_k^{n+1,m-1}) - 2X_k^{n+2,m}$$

再将上式代入式(4.6),消去 $e(X_k^{n+2,m+1} + X_k^{n+2,m-1})$,即可得到下列递推公式

$$(1-e^2)^2 X_k^{n,m}$$

$$= \left(1 - \frac{e^2}{2}\right) X_k^{n+2,m} + (1-e^2)e(X_k^{n+1,m+1} + X_k^{n+1,m-1}) - \frac{e^2}{4}(X_k^{n+2,m+2} + X_k^{n+2,m-2})$$

$$(4.7)$$

将 Hansen 系数换成偏心率函数 $G_{lpq} = X_{l-2p+q}^{-(l+1),l-2p}$,即有

$$(1-e^2)^2 G_{lpq}$$

$$= \left(1 - \frac{e^2}{2}\right) G_{l-2,p-1,q} + (1-e^2)e(G_{l-1,p-1,q-1} + G_{l-1,p,q+1}) \qquad (4.8)$$

$$- \frac{e^2}{4}(G_{l-2,p-2,q-2} + G_{l-2,p,q+2})$$

式(4.3)、(4.5)和(4.7)是 Hansen 系数 $X_k^{n,m}$ 的很重要的递推公式。

4.1.2 McClain 递推公式[2]

McClain 递推公式是采用经典的 Hansen 方法推导给出的。定义:

$$\rho = \frac{r}{a}, \quad x = \exp(\mathrm{j}f), \quad z = \exp(\mathrm{j}M)$$

则有

$$z \frac{\mathrm{d}}{\mathrm{d}z} \rho^n x^s = n\rho^{n-1} x^s z \frac{\mathrm{d}\rho}{\mathrm{d}z} + s\rho^n x^{s-1} z \frac{\mathrm{d}x}{\mathrm{d}z} \qquad (4.9)$$

利用下列关系式

$$z \frac{\mathrm{d}}{\mathrm{d}z} = z \frac{\mathrm{d}x}{\mathrm{d}z} \frac{\mathrm{d}}{\mathrm{d}x} \qquad (4.10)$$

$$\frac{\mathrm{d}x}{\mathrm{d}z} = \frac{x}{z} \frac{a^2}{r^2} \cos \phi \qquad (4.11)$$

$$x \frac{\mathrm{d}\rho}{\mathrm{d}x} = \frac{1}{2} \frac{r^2}{a^2} \frac{\sin \phi}{\cos^2 \phi} \left(\frac{1}{x} - x\right) \qquad (4.12)$$

$$z \frac{\mathrm{d}\rho}{\mathrm{d}z} = z \frac{\mathrm{d}\rho}{\mathrm{d}x} \frac{\mathrm{d}x}{\mathrm{d}z} = \frac{a^2}{r^2} \cos \phi x \frac{\mathrm{d}\rho}{\mathrm{d}x} = \frac{1}{2} \frac{\sin \phi}{\cos \phi} \left(\frac{1}{x} - x\right)$$

于是,式(4.9)就变成:

$$z \frac{\mathrm{d}}{\mathrm{d}z} \rho^n x^s = \frac{n \sin \phi}{2 \cos \phi} \rho^{n-1} (x^{s-1} - x^{s+1}) + s \cos \phi \rho^{n-2} x^s \qquad (4.13)$$

式(4.11)~(4.13)中,$\sin \phi = e$,$\cos \phi = \sqrt{1-e^2}$。

根据轨道方程,有

$$\rho - \frac{\cos^2 \phi}{1 + \dfrac{\sin \phi}{2}(x + x^{-1})} \equiv 0 \tag{4.14}$$

亦即

$$\sin \phi (x + x^{-1}) - 2\cos^2 \phi \rho^{-1} + 2 = 0 \tag{4.15}$$

式(4.15)分别乘以 $\pm \dfrac{n\rho^{n-1} x^s}{2\cos \phi}$ 和 $\dfrac{s\rho^{n-1} x^s}{2\cos \phi}$,得

$$\frac{n\rho^{n-1} x^s}{2\cos \phi} \sin \phi (x + x^{-1}) - n\rho^{n-2} x^s \cos \phi + \frac{n\rho^{n-1} x^s}{\cos \phi} = 0$$

$$-\frac{n\rho^{n-1} x^s}{2\cos \phi} \sin \phi (x + x^{-1}) + n\rho^{n-2} x^s \cos \phi - \frac{n\rho^{n-1} x^s}{\cos \phi} = 0$$

$$\frac{s\rho^{n-1} x^s}{2\cos \phi} \sin \phi (x + x^{-1}) - s\rho^{n-2} x^s \cos \phi + \frac{s\rho^{n-1} x^s}{\cos \phi} = 0$$

由于上述三个式子的左边恒等于 0,因此可以加到式(4.13)的右边,即得

$$z \frac{\mathrm{d}}{\mathrm{d}z} \rho^n x^s = \frac{n\sin \phi}{\cos \phi} \rho^{n-1} x^{s-1} + (s - n)\cos \phi \rho^{n-2} x^s + \frac{n}{\cos \phi} \rho^{n-1} x^s \tag{4.16}$$

$$z \frac{\mathrm{d}}{\mathrm{d}z} \rho^n x^s = -\frac{n\sin \phi}{\cos \phi} \rho^{n-1} x^{s+1} + (s + n)\cos \phi \rho^{n-2} x^s - \frac{n}{\cos \phi} \rho^{n-1} x^s \tag{4.17}$$

$$z \frac{\mathrm{d}}{\mathrm{d}z} \rho^n x^s = \frac{(n + s)\sin \phi}{2\cos \phi} \rho^{n-1} x^{s-1} - \frac{(n - s)\sin \phi}{2\cos \phi} \rho^{n-1} x^{s+1} + \frac{s}{\cos \phi} \rho^{n-1} x^s$$

$$\tag{4.18}$$

由式(4.14),有

$$\frac{\sin \phi}{2\cos^2 \phi} \rho (x + x^{-1}) + \frac{\rho}{\cos^2 \phi} = 1 \tag{4.19}$$

由于式(4.19)的左边恒等于 1,因此可以和式(4.18)的右边相乘,得到

$$z \frac{\mathrm{d}}{\mathrm{d}z} \rho^n x^s = \frac{(n + s)\sin^2 \phi}{4\cos^3 \phi} \rho^n x^{s-2} + \frac{(n + 2s)\sin \phi}{2\cos^3 \phi} \rho^n x^{s-1}$$

$$+ \frac{2s + s\sin^2 \phi}{2\cos^3 \phi} \rho^n x^s - \frac{(n - 2s)\sin \phi}{2\cos^3 \phi} \rho^n x^{s+1} - \frac{(n - s)\sin^2 \phi}{4\cos^3 \phi} \rho^n x^{s+2}$$

$$\tag{4.20}$$

利用算子 $z \dfrac{\mathrm{d}}{\mathrm{d}z}$ 对式(4.16)和(4.17)进行微分运算,Hansen 还得到如下结果:

$$z^2 \frac{\mathrm{d}^2}{\mathrm{d}z^2}\rho^n x^s + z\frac{\mathrm{d}}{\mathrm{d}z}\rho^n x^s$$

$$= [n(n-2)+s^2]\cos^2\phi\rho^{n-4}x^s$$
$$- n(2n-3)\rho^{n-3}x^s + n(n-1)\rho^{n-2}x^s + s(n-1)\sin\phi\rho^{n-3}(x^{s-1}-x^{s+1})$$

$$(4.21)$$

将式(4.15)的左边乘以 $s(n-1)\rho^{n-3}x^s$，并在式(4.21)的右边加减此结果，得到

$$z^2\frac{\mathrm{d}^2}{\mathrm{d}z^2}\rho^n x^s + z\frac{\mathrm{d}}{\mathrm{d}z}\rho^n x^s$$

$$= [n(n-2)+s^2-2s(n-1)]\cos^2\phi\rho^{n-4}x^s - [n(2n-3)-2s(n-1)]\rho^{n-3}x^s$$
$$+ n(n-1)\rho^{n-2}x^s + 2s(n-1)\sin\phi\rho^{n-3}x^{s-1}$$

$$(4.22)$$

$$z^2\frac{\mathrm{d}^2}{\mathrm{d}z^2}\rho^n x^s + z\frac{\mathrm{d}}{\mathrm{d}z}\rho^n x^s$$

$$= [n(n-2)+s^2+2s(n-1)]\cos^2\phi\rho^{n-4}x^s - [n(2n-3)+2s(n-1)]\rho^{n-3}x^s$$
$$+ n(n-1)\rho^{n-2}x^s - 2s(n-1)\sin\phi\rho^{n-3}x^{s+1}$$

$$(4.23)$$

将 $\rho^n x^s$ 及其一阶、二阶导数的级数表达式：

$$\rho^{\pm n}x^s = \sum_t X_t^{\pm n,s}z^t \qquad (4.24a)$$

$$z\frac{\mathrm{d}}{\mathrm{d}z}\rho^{\pm n}x^s = \sum_t t X_t^{\pm n,s}z^t \qquad (4.24b)$$

$$z\frac{\mathrm{d}^2}{\mathrm{d}z^2}\rho^{\pm n}x^s = \sum_t t(t-1)X_t^{\pm n,s}z^t \qquad (4.24c)$$

代入微分方程(4.13)、(4.16)~(4.18)、(4.20)~(4.23)，并将相关参数和指标做如下统一处理：

$$\sin\phi = e, \quad \cos\phi = \sqrt{1-e^2}, \quad s\Rightarrow m, \quad t\Rightarrow k$$

即得

$$neX_k^{n-1,m-1} - neX_k^{n-1,m+1} + 2m(1-e^2)X_k^{n-2,m} - 2k\sqrt{1-e^2}X_k^{n,m} = 0 \qquad (4.25)$$

$$neX_k^{n-1,m-1} + (m-n)(1-e^2)X_k^{n-2,m} + nX_k^{n-1,m} - k\sqrt{1-e^2}X_k^{n,m} = 0 \qquad (4.26)$$

$$-neX_k^{n-1,m+1} + (m+n)(1-e^2)X_k^{n-2,m} - nX_k^{n-1,m} - k\sqrt{1-e^2}X_k^{n,m} = 0 \qquad (4.27)$$

$$(n+m)eX_k^{n-1,m-1} - (n-m)eX_k^{n-1,m+1} + 2mX_k^{n-1,m} - 2k\sqrt{1-e^2}X_k^{n,m} = 0 \qquad (4.28)$$

$$(n+m)e^2 X_k^{n,m-2} + 2(n+2m)eX_k^{n,m-1} + [4m+2me^2 - 4k(1-e^2)^{3/2}]X_k^{n,m}$$
$$-2(n-2m)eX_k^{n,m+1} - (n-m)e^2 X_k^{n,m+2} = 0 \tag{4.29}$$

$$[n(n-2)+m^2](1-e^2)X_k^{n-4,m} - n(2n-3)X_k^{n-3,m} + n(n-1)X_k^{n-2,m}$$
$$+ m(n-1)eX_k^{n-3,m-1} - m(n-1)eX_k^{n-3,m+1} - k^2 X_k^{n,m} = 0 \tag{4.30}$$

$$[n(n-2)+m^2 - 2m(n-1)](1-e^2)X_k^{n-4,m} - [n(2n-3)-2m(n-1)]X_k^{n-3,m}$$
$$+ n(n-1)X_k^{n-2,m} + 2m(n-1)eX_k^{n-3,m-1} - k^2 X_k^{n,m} = 0 \tag{4.31}$$

$$[n(n-2)+m^2 + 2m(n-1)](1-e^2)X_k^{n-4,m} - [n(2n-3)+2m(n-1)]X_k^{n-3,m}$$
$$+ n(n-1)X_k^{n-2,m} - 2m(n-1)eX_k^{n-3,m+1} - k^2 X_k^{n,m} = 0 \tag{4.32}$$

由递推关系式(4.25)与(4.28)得
$$eX_k^{n-1,m-1} + eX_k^{n-1,m+1} - 2(1-e^2)X_k^{n-2,m} + 2X_k^{n-1,m} = 0 \tag{4.33}$$

对于式(4.33),若 $n \Rightarrow n+2$,即为 Giacaglia 递推公式(4.5)。

对于式(4.25),若 $n \Rightarrow n-2$,则

$$(eX_k^{n-3,m-1} - eX_k^{n-3,m+1}) = -\frac{2m(1-e^2)}{n-2}X_k^{n-4,m} + \frac{2k\sqrt{1-e^2}}{n-2}X_k^{n-2,m}$$

将上式代入式(4.30),消去 $[m(n-1)eX_k^{n-3,m-1} - m(n-1)eX_k^{n-3,m+1}]$,有

$$n[(n-2)^2 - m^2](1-e^2)X_k^{n-4,m} - n(n-2)(2n-3)X_k^{n-3,m}$$
$$+ (n-1)[n(n-2)+2km\sqrt{1-e^2}]X_k^{n-2,m} - (n-2)k^2 X_k^{n,m} = 0 \tag{4.34}$$

该递推公式中 Hansen 系数的上标 m 相同,而且不含 e 分母,特别适用于无奇点摄动理论,但它不能转换成偏心率函数的递推公式。

组合上述递推公式可以得到更多的递推公式。这些递推公式对所有的 n、m 和 k 均成立。不难看出:式(4.25)与式(4.3)相当;式(4.25)与式(4.28)相减,结果即为式(4.33),与式(4.5)相当;式(4.26)与式(4.27)相加,结果与式(4.3)相当;式(4.26)与式(4.27)相减,结果与式(4.5)相当;式(4.31)与式(4.32)相加,结果即为式(4.30);式(4.31)与式(4.32)相减,结果与式(4.5)相当;又式(4.34)是由式(4.25)和式(4.30)推导给出的,因此式(4.3)、(4.5)、(4.25)~(4.28)和(4.30)~(4.34)中只有 3 个是独立的。在 McClain 递推公式中,没有与式(4.7)相当的公式,于是,独立的递推公式只有式

(4.3)、(4.5)、(4.7)、(4.29)和(4.34)，共计 5 个。

4.1.3 递推公式的特点

观察上文 Hansen 系数的递推公式（包括其他文献，如文献[3]中所列的递推公式），它们具有一个显著的特点：递推公式中 Hansen 系数 $X_k^{n,m}$ 的下标 k 均是相同的。这样的递推公式当然有其好处——可以使得递推过程相对简单。指标 $k=0$ 的情况，可以采用第 2 章中的递推公式计算。但是，由于我们需要计算很多 k 值的 Hansen 系数，必须对每一个 k 值的 Hansen 系数进行递推，每改变一个 k 值，递推就要重新开始，相应的递推初值需要重新计算，因此初值计算的工作量大。

鉴于 Hansen 系数递推公式的这个显著特点，本章研究的 Hansen 系数的递推，除了偏心率函数的成批递推之外，只是针对 k 取值相同的 Hansen 系数的递推，并不是对所有 Hansen 系数的递推。

另外，利用指标 k 等于常数的递推方法计算得到的 Hansen 系数不一定是我们所需要的。我们知道，Hansen 系数 $X_k^{-(n+1),m}$ 和 $X_k^{n,m}$ 含有 $e^{|k-m|}$ 的因子，对于相同的指标 k，不同指标 m 的 $X_k^{-(n+1),m}$ 和 $X_k^{n,m}$ 大小是不同的。例如，$X_k^{-(n+1),n}$ 和 $X_k^{-(n+1),-n}$，当 $k\geqslant n$ 时两者大小就相差了 e^{2n}；如果 $n=10,e=0.1$，这两个 Hansen 系数就相差了 20 个数量级。然而，Giacaglia 和 McClain 给出的递推方法[1,2]均将 $X_k^{-(n+1),n}$ 和 $X_k^{-(n+1),-n}$ 这两个 Hansen 系数同时计算出来，这显然是不需要也不合理的。

4.2 Hansen 系数的递推计算

对于卫星动力学而言，日月摄动函数展开需要涉及的 Hansen 系数的阶次通常很低，一般用不到递推。因此，下文主要研究地球引力场摄动函数展开涉及的 Hansen 系数的递推。这时，Hansen 系数的通项即为 $X_k^{-(n+1),m}$，其中 n 为正整数，$m=n-2p$，n 的取值范围为 $2\sim N$，p 取值范围为 $0\sim n$，m 的取值范围为 $-n\sim n$。Hansen 系数 $X_k^{-(n+1),m}$ 的递推，一般希望沿着 n 方向进行。

4.2.1　基本递推公式

正如前文所述，4.1 节列出的 Hansen 系数的 Giacaglia 和 McClain 递推公式[1,2]，只有 5 个是独立的，即式(4.3)、(4.5)、(4.7)、(4.29)和(4.34)。由于递推公式(4.34)涉及到 4 个 n 指标的 Hansen 系数，初值太多，递推不方便。因此，选择式(4.3)、(4.5)、(4.7)和(4.29)作为 4 个基本递推公式，并将其表达为通项 $X_k^{-(n+1),m}$ 的形式，即为[4]

$$m\sqrt{1-e^2}\,X_k^{-(n+2),m} = \frac{ne}{2\sqrt{1-e^2}}\left[X_k^{-(n+1),m-1} - X_k^{-(n+1),m+1}\right] + kX_k^{-n,m} \quad (R1)$$

$$(1-e^2)X_k^{-(n+1),m} = X_k^{-n,m} + \frac{e}{2}(X_k^{-n,m+1} + X_k^{-n,m-1}) \quad (R2)$$

$$(1-e^2)^2 X_k^{-(n+2),m} = (1-e^2)e\left[X_k^{-(n+1),m+1} + X_k^{-(n+1),m-1}\right]$$
$$+ \left(1-\frac{e^2}{2}\right)X_k^{-n,m} - \frac{e^2}{4}(X_k^{-n,m+2} + X_k^{-n,m-2}) \quad (R3)$$

$$(m-n-1)e^2 X_k^{-(n+1),m-2} + 2(2m-n-1)eX_k^{-(n+1),m-1}$$
$$+ \left[4m + 2me^2 - 4k(1-e^2)^{3/2}\right]X_k^{-(n+1),m}$$
$$+ 2(n+2m+1)eX_k^{-(n+1),m+1} + (n+m+1)e^2 X_k^{-(n+1),m+2} = 0 \quad (R4)$$

4.2.2　Hansen 系数递推的分类

根据递推的需要 Hansen 系数的递推有多种分类，常见的分类可以归纳为下列五类。

（1）n 递推和 m 递推

基本递推公式(R1)、(R2)和(R3)为 n 递推，而基本递推公式(R4)为 m 递推。

（2）向前递推和向后递推

基本递推公式(R1)、(R2)、(R3)和(R4)的递推，可图示如下。（R1）为菱形递推，可以向前，也可以向后：

$$X_k^{-n,m}$$
$$X_k^{-(n+1),m-1} \qquad X_k^{-(n+1),m+1}$$
$$X_k^{-(n+2),m}$$

$$X_k^{-n,m},\, X_k^{-(n+1),m-1},\, X_k^{-(n+1),m+1} \Rightarrow X_k^{-(n+2),m}$$
$$X_k^{-n,m} \Leftarrow X_k^{-(n+1),m-1},\, X_k^{-(n+1),m+1},\, X_k^{-(n+2),m}$$

（R2）为"3 推 1"，可以向前：

$$X_k^{-n,m-1} \qquad X_k^{-n,m} \qquad X_k^{-n,m+1}$$
$$X_k^{-(n+1),m}$$

$$X_k^{-n,m-1}, X_k^{-n,m}, X_k^{-n,m+1} \Rightarrow X_k^{-(n+1),m}$$

（R3）为倒塔形递推，可以向前：

$$X_k^{-n,m-2} \qquad\qquad X_k^{-n,m} \qquad\qquad X_k^{-n,m+2}$$
$$X_k^{-(n+1),m-1} \qquad\qquad X_k^{-(n+1),m+1}$$
$$X_k^{-(n+2),m}$$

$$X_k^{-n,m-2}, X_k^{-n,m}, X_k^{-n,m+2}, X_k^{-(n+1),m-1}, X_k^{-(n+1),m+1} \Rightarrow X_k^{-(n+2),m}$$

（R4）为直线形递推，可以向前，也可以向后：

$$X_k^{-n,m-2}, X_k^{-n,m-1}, X_k^{-n,m}, X_k^{-n,m+1} \Rightarrow X_k^{-n,m+2}$$
$$X_k^{-n,m-2} \Leftarrow X_k^{-n,m-1}, X_k^{-n,m}, X_k^{-n,m+1}, X_k^{-n,m+2}$$

由此可见，基本递推公式（R1）、（R2）和（R3）均可适用于 n 向前递推，只有（R1）可以用于 n 向后递推。

（3）是否可以递推偏心率函数

基本递推公式（R1）和（R3）可以递推偏心率函数，而基本递推公式（R2）和（R4）不适用。

（4）一行初值和两行初值

基本递推公式（R2）递推只需一行初值，而基本递推公式（R1）和（R3）需要两行初值。

（5）n 向前递推需要辅助递推

举个例子，考察下列递推过程，利用基本递推公式（R2）进行 Hansen 系数 $X_k^{-(n+1),m}$ 的 n 向前递推，m 的取值范围为 $[-n, +n]$。从 $n=2$ 开始到第二行，只能递推出中间 3 个函数，排在两端的 4 个函数需要利用基本递推公式（R4）递推（或用直接方法计算），再向下推，仍然有排在两端的 4 个函数递推不出来，继续向下推，每一行均是如此。

$$X_k^{-3,-2}, \quad X_k^{-3,-1}, \quad X_k^{-3,0}, \quad X_k^{-3,1}, \quad X_k^{-3,2}$$
$$X_k^{-4,-3}, \quad X_k^{-4,-2}, \quad X_k^{-4,-1}, \quad X_k^{-4,0}, \quad X_k^{-4,1}, \quad X_k^{-4,2}, \quad X_k^{-4,3}$$
$$X_k^{-5,-4}, \quad X_k^{-5,-3}, \quad X_k^{-5,-2}, \quad X_k^{-5,-1}, \quad X_k^{-5,0}, \quad X_k^{-5,1}, \quad X_k^{-5,2}, \quad X_k^{-5,3}, \quad X_k^{-5,4}$$

利用基本递推公式(R1)和(R3)的 n 向前递推,也存在同样的问题。在 n 向前递推中需要解决这个问题,然而在 n 向后递推中不存在这个问题。

综上所述,利用基本递推公式(R1)~(R4),可以实行的递推如表 4.1 所示。由表 4.1 可知,这里没有普通 Hansen 系数的一行初值向后递推公式,也缺少偏心率函数的向前递推的辅助递推公式。

表 4.1　四种基本递推可以实行的递推

适用函数	递推方向	一行初值	两行初值	辅助递推	奇点
普通 Hansen 系数	n 向前	(R2)	(R1)和(R3)	(R4)	(R1):$m=0$
	n 向后	缺	(R1)		
偏心率函数	n 向前		(R1)和(R3)	缺	(R1):$m=0$
	n 向后		(R1)		

4.2.3　基本递推公式的补充

1. 普通 Hansen 系数的一行初值向后递推公式

利用基本递推公式(R1)和(R2),不难推导出普通 Hansen 系数的一行初值向后递推公式,具体推导方法如下:

基本递推公式(R1)乘以 $\sqrt{1-e^2}$,得到

$$2m(1-e^2)X_k^{-(n+2),m} = ne\left[X_k^{-(n+1),m-1} - X_k^{-(n+1),m+1}\right] + 2k\sqrt{1-e^2}\,X_k^{-n,m}$$

基本递推公式(R2)中,$n \Rightarrow n+1$,乘以 m,得到

$$2m(1-e^2)X_k^{-(n+2),m} = 2mX_k^{-(n+1),m} + me\left[X_k^{-(n+1),m+1} + X_k^{-(n+1),m-1}\right]$$

上述两式相减,即得

$$2k\sqrt{1-e^2}\,X_k^{-n,m} = 2mX_k^{-(n+1),m} + (m+n)eX_k^{-(n+1),m+1} + (m-n)eX_k^{-(n+1),m-1}$$

$$(\text{R5})$$

此即我们需要的普通 Hansen 系数的一行初值向后递推公式[4]。

递推公式(R5)为连续"3 推 1"方式,向后递推,其递推图示为

$$X_k^{-n,m}$$

$$X_k^{-(n+1),m-1} \qquad X_k^{-(n+1),m} \qquad X_k^{-(n+1),m+1}$$

$$X_k^{-n,m} \Leftarrow X_k^{-(n+1),m-1}, X_k^{-(n+1),m}, X_k^{-(n+1),m+1}$$

2. 偏心率函数向前递推需要的辅助递推公式

偏心率函数向前递推，一般采用基本递推公式（R1）和（R3）进行递推。考察如下 n 向前递推过程：

$$X_k^{-3,-2}, \quad \cancel{X_k^{-3,-1}}, \quad X_k^{-3,0}, \quad \cancel{X_k^{-3,1}}, \quad X_k^{-3,2}$$

$$X_k^{-4,-3}, \quad \cancel{X_k^{-4,-2}}, \quad X_k^{-4,-1}, \quad \cancel{X_k^{-4,0}}, \quad X_k^{-4,1}, \quad \cancel{X_k^{-4,2}}, \quad X_k^{-4,3}$$

$$X_k^{-5,-4}, \quad \cancel{X_k^{-5,-3}}, \quad X_k^{-5,-2}, \quad \cancel{X_k^{-5,-1}}, \quad X_k^{-5,0}, \quad \cancel{X_k^{-5,1}}, \quad X_k^{-5,2}, \quad \cancel{X_k^{-5,3}}, \quad X_k^{-5,4}$$

其中，未被划去的函数均是偏心率函数，我们希望递推均在这些函数中进行。从已知的初值（第一、第二行）递推到第三行，中间的偏心率函数均可递推处理。但是，排在两端的 $X_k^{-5,-4}$ 和 $X_k^{-5,4}$ 递推不出来，这时需要补充新的递推公式。

对于普通的 Hansen 系数（包括上述递推中的所有函数），可以利用基本递推公式（R4）进行递推，但是对于偏心率函数，在一行中是不连续的，偏心率函数和普通的 Hansen 系数交替出现，普通的 Hansen 系数是不能参加递推的，这就必须推导新的递推公式。

不失一般性，考察下面 5 个偏心率函数：

$$X_k^{-n,m-3}, X_k^{-n,m-1}$$

$$X_k^{-(n+1),m-4}, X_k^{-(n+1),m-2}, X_k^{-(n+1),m}$$

如果能够推导出这 5 个函数的递推关系，这个问题也就解决了。

下文利用（R4）和（R5）两个基本递推公式，推导给出偏心率函数向前递推需要的辅助递推公式，具体推导方法如下：

基本递推公式（R5）中，$m \Rightarrow m+1$，乘以 $(m-1)$，得到

$$2(m+1)(m-1)X_k^{-(n+1),m+1} = 2(m-1)k\sqrt{1-e^2}\,X_k^{-n,m+1}$$

$$-(m-1)(m+n+1)eX_k^{-(n+1),m+2} - (m-1)(m-n+1)eX_k^{-(n+1),m}$$

$$(4.35)$$

基本递推公式（R5）中，$m \Rightarrow m-1$，乘以 $(m+1)$，得到

$$2(m-1)(m+1)X_k^{-(n+1),m-1} = 2k(m+1)\sqrt{1-e^2}\,X_k^{-n,m-1}$$
$$-(m+1)(m+n-1)eX_k^{-(n+1),m}-(m+1)(m-n-1)eX_k^{-(n+1),m-2}$$

$$(4.36)$$

将式(4.35)和(4.36)代入基本递推公式(R4),乘以 $(m+1)(m-1)$,即得

$$(m+1)(m-n-1)(n-m)e^2 X_k^{-(n+1),m-2}$$
$$-(m+1)(m+n-1)(2m-n-1)e^2 X_k^{-(n+1),m}$$
$$-(m-1)(m-n+1)(n+2m+1)e^2 X_k^{-(n+1),m}$$
$$+(m+1)(m-1)[4m+2me^2-4k(1-e^2)^{3/2}]X_k^{-(n+1),m} \qquad (\text{R6})$$
$$+2k(m-1)(n+2m+1)e\sqrt{1-e^2}\,X_k^{-n,m+1}$$
$$+2k(m+1)(2m-n-1)e\sqrt{1-e^2}\,X_k^{-n,m-1}$$
$$-(m-1)(n+m+1)(n+m)e^2 X_k^{-(n+1),m+2}=0$$

此即我们需要的递推公式[4]。

特别地,当 $m=n-2$ 时,可得 $X_k^{-(n+1),n}$:

$$(n-3)(2n-1)e^2 X_k^{-(n+1),n}=-3e^2 X_k^{-(n+1),n-4}$$
$$+[2(n-3)(n-2)+3(n-2)e^2-2(n-3)k(1-e^2)^{3/2}]X_k^{-(n+1),n-2}$$
$$+3(n-3)ke\sqrt{1-e^2}\,X_k^{-n,n-1}+(n-5)ke\sqrt{1-e^2}\,X_k^{-n,n-3}$$

$$(4.37)$$

当 $m=-n+2$ 时,可得 $X_k^{-(n+1),-n}$:

$$(n-3)(2n-1)e^2 X_k^{-(n+1),-n}=-3e^2 X_k^{-(n+1),-n+4}$$
$$+[2(n-2)(n-3)+3(n-2)e^2+2(n-3)k(1-e^2)^{3/2}]X_k^{-(n+1),-n+2}$$
$$-3(n-3)ke\sqrt{1-e^2}\,X_k^{-n,-n+1}-(n-5)ke\sqrt{1-e^2}\,X_k^{-n,-n+3}$$

$$(4.38)$$

式(4.37)和(4.38)就是偏心率函数向前递推需要的辅助递推公式。

4.2.4　普通 Hansen 系数的递推

本节讨论的递推,可以适用于任何 Hansen 系数 $X_k^{-(n+1),m}$。根据递推时 n 指标的变化,分为向前递推(n 增大)和向后递推(n 减小)。

1．Hansen 系数的(R2)向前递推方法

基本递推公式(R2)十分简单。Hansen 系数 $X_k^{-(n+1),m}$ 的(R2)向前递推,递推最简单,仅需要一行初值,递推过程如下:

$$X_k^{-3,-2},\ X_k^{-3,-1},\ X_k^{-3,0},\ X_k^{-3,1},\ X_k^{-3,2}$$

$$X_k^{-4,-3},\ X_k^{-4,-2},\ X_k^{-4,-1},\ X_k^{-4,0},\ X_k^{-4,1},\ X_k^{-4,2},\ X_k^{-4,3}$$

$$X_k^{-5,-4},\ X_k^{-5,-3},\ X_k^{-5,-2},\ X_k^{-5,-1},\ X_k^{-5,0},\ X_k^{-5,1},\ X_k^{-5,2},\ X_k^{-5,3},\ X_k^{-5,4}$$

$$\cdots\cdots$$

$$X_k^{-(n+1),-n},\ X_k^{-(n+1),-n+1},\quad \cdots\qquad \cdots\qquad \cdots\qquad \cdots,\quad X_k^{-(n+1),n-1},\ X_k^{-(n+1),n}$$

其中,第一行是初值($n=2$),必须事先利用第三章中 Hansen 系数的直接计算方法(例如 Wnuk 方法[5])计算给出。如上文 4.2.2 节中所述,第二行中间的 3 个函数可用式(R2)递推得到,排在两端的 4 个函数需要"另外计算";第三行中间的 5 个函数,可用式(R2)递推得到,排在两端的 4 个函数也需要"另外计算"。也就是说,每递推一行,排在两端的 4 个函数都需要另行计算。

Hansen 系数的(R2)向前递推,没有奇点,是一种安全的递推,而且公式简单,编程方便。这种方法的主要缺点是:每递推一行,均需要利用 Hansen 系数的直接计算方法(例如 Wnuk 方法[5]),计算给出排在两端的 4 个函数。当然,也可以利用基本递推公式(R4)进行递推计算来完成。但是,(R4)递推有 e 分母,对小偏心率轨道的计算不利。

2．Hansen 系数的(R5)向后递推方法

Hansen 系数 $X_k^{-(n+1),m}$ 的(R5)向后递推,需要计算一行初值,递推过程如下:

$$X_k^{-(n+1),-n},\ X_k^{-(n+1),-n+1},\quad \cdots\qquad \cdots\qquad \cdots\qquad \cdots,\quad X_k^{-(n+1),n-1},\ X_k^{-(n+1),n}$$

$$\cdots\cdots$$

$$X_k^{-5,-4},\ X_k^{-5,-3},\ X_k^{-5,-2},\ X_k^{-5,-1},\ X_k^{-5,0},\ X_k^{-5,1},\ X_k^{-5,2},\ X_k^{-5,3},\ X_k^{-5,4}$$

$$X_k^{-4,-3},\ X_k^{-4,-2},\ X_k^{-4,-1},\ X_k^{-4,0},\ X_k^{-4,1},\ X_k^{-4,2},\ X_k^{-4,3}$$

$$X_k^{-3,-2},\ X_k^{-3,-1},\ X_k^{-3,0},\ X_k^{-3,1},\ X_k^{-3,2}$$

这种向后递推,可以递推出所有 Hansen 系数,没有像向前递推那样需要"另外计算"的函数,而且没有奇点也没有 e 分母。从公式上看,是一种安全的递推,只是初值计算量要大一些。

顺便说一下,递推出 Hansen 系数后,Hansen 系数的导数,可以由第 3 章中式(3.74a)和(3.74b),利用 Hansen 系数计算得到。在这个意义上,这种方法多计算的"无用的"函数,也不能认为是完全无用的。

3. Hansen 系数核及其导数的(R2)向前递推方法

针对无奇点根数的摄动计算,需要的是 Hansen 系数核:

$$K_k^{-(n+1),m} = e^{-|k-m|} X_k^{-(n+1),m} \tag{4.39}$$

而且,摄动计算还需要 Hansen 系数核 $K_k^{-(n+1),m}$ 的导数。下文给出 Hansen 系数核 $K_k^{-(n+1),m}$ 及其导数同时递推的方法。

将式(4.39)代入基本递推公式(R2),得

$$(1-e^2)e^{|k-m|} K_k^{-(n+1),m} = e^{|k-m|} K_k^{-n,m} + \frac{e}{2}(e^{|k-m-1|} K_k^{-n,m+1} + e^{|k-m+1|} K_k^{-n,m-1}) \tag{4.40}$$

这时需要分三种情况递推。对于 $k-m=0$,有

$$(1-e^2)K_k^{-(n+1),m} = K_k^{-n,m} + \frac{e^2}{2}(K_k^{-n,m+1} + K_k^{-n,m-1}) \tag{4.41a}$$

对于 $k-m \leqslant -1$,有

$$(1-e^2)K_k^{-(n+1),m} = K_k^{-n,m} + \frac{1}{2}(e^2 K_k^{-n,m+1} + K_k^{-n,m-1}) \tag{4.41b}$$

对于 $k-m \geqslant 1$,有

$$(1-e^2)K_k^{-(n+1),m} = K_k^{-n,m} + \frac{1}{2}(K_k^{-n,m+1} + e^2 K_k^{-n,m-1}) \tag{4.41c}$$

将式(4.41a)~(4.41c)分别对 e^2 求导,并令 $K_k'^{-(n+1),m} = \dfrac{\mathrm{d}K_k^{-(n+1),m}}{\mathrm{d}e^2}$,对于 $k-m=0$,有

$$(1-e^2)K_k'^{-(n+1),m} = K_k'^{-n,m} + \frac{e^2}{2}(K_k'^{-n,m+1} + K_k'^{-n,m-1})$$
$$+ \frac{1}{2}(K_k^{-n,m+1} + K_k^{-n,m-1}) + K_k^{-(n+1),m} \tag{4.42a}$$

对于 $k-m \leqslant -1$,有

$$(1-e^2)K_k'^{-(n+1),m} = K_k'^{-n,m} + \frac{1}{2}(e^2 K_k'^{-n,m+1} + K_k'^{-n,m-1}) + \frac{1}{2}K_k^{-n,m+1} + K_k^{-(n+1),m} \tag{4.42b}$$

对于 $k-m \geqslant 1$,有

$$(1-e^2)K_k'^{-(n+1),m} = K_k'^{-n,m} + \frac{1}{2}(K_k'^{-n,m+1} + e^2 K_k'^{-n,m-1}) + \frac{1}{2}K_k^{-n,m-1} + K_k^{-(n+1),m} \tag{4.42c}$$

式(4.41)和(4.42)即为计算 Hansen 系数核 $K_k^{-(n+1),m}$ 及其对 e^2 的导数 $K_k'^{-(n+1),m} = \dfrac{\mathrm{d}K_k^{-(n+1),m}}{\mathrm{d}e^2}$ 的递推公式。利用第三章中的方法计算出初值 $K_k^{-3,m}$ 和 $K_k'^{-3,m}(m = -2, -1, \cdots, 2)$，由式(4.41)和(4.42)就可递推计算出 $K_k^{-4,m}$ 和 $K_k'^{-4,m}(m = -1, 0, 1)$；再利用(R4)递推（也可利用直接方法计算），得到 $K_k^{-4,m}$ 和 $K_k'^{-4,m}(m = -3, -2, 2, 3)$。继续利用式(4.41)和(4.42)逐步递推，得到 $K_k^{-(n+1),m}$ 和 $K_k'^{-(n+1),m}(m = -n+2, -n+3, \cdots, n-2)$，利用(R4)递推或直接方法计算，得到 $K_k^{-(n+1),m}$ 和 $K_k'^{-(n+1),m}(m = -n, -n+1, n-1, n)$，进而得到所有的 $K_k^{-(n+1),m}$ 和 $K_k'^{-(n+1),m}$。

当然，这里计算的 $K_k'^{-(n+1),m}$ 是对 e^2 的导数，在使用时还需利用 $\dfrac{\mathrm{d}K_k^{-(n+1),m}}{\mathrm{d}e} = 2e\dfrac{\mathrm{d}K_k^{-(n+1),m}}{\mathrm{d}e^2} = 2eK_k'^{-(n+1),m}$ 化为对 e 的导数。这种向前递推方法，仍然有需要"另外计算"的缺点。如果改成向后递推，这种需要"另外计算"的缺点即可避免。

4. Hansen 系数核的(R5)向后递推方法

将式(4.39)代入递推公式(R5)，得

$$2k\sqrt{1-e^2}\,e^{|k-m|}K_k^{-n,m} = 2me^{|k-m|}K_k^{-(n+1),m}$$
$$+ (m+n)e^{|k-m-1|+1}K_k^{-(n+1),m+1} + (m-n)e^{|k-m+1|+1}K_k^{-(n+1),m-1}$$

$$(4.43)$$

同样需要分三种情况递推。对于 $k-m=0$，有

$$2k\sqrt{1-e^2}\,K_k^{-n,m} = 2mK_k^{-(n+1),m} + (m+n)e^2K_k^{-(n+1),m+1} + (m-n)e^2K_k^{-(n+1),m-1}$$

$$(4.44\mathrm{a})$$

对于 $k-m \leqslant -1$，有

$$2k\sqrt{1-e^2}\,K_k^{-n,m} = 2mK_k^{-(n+1),m} + (m+n)e^2K_k^{-(n+1),m+1} + (m-n)K_k^{-(n+1),m-1}$$

$$(4.44\mathrm{b})$$

对于 $k-m \geqslant 1$，有

$$2k\sqrt{1-e^2}\,K_k^{-n,m} = 2mK_k^{-(n+1),m} + (m+n)K_k^{-(n+1),m+1} + (m-n)e^2K_k^{-(n+1),m-1}$$

$$(4.44\mathrm{c})$$

4.2.5　偏心率函数的递推

1. Vakhidov 递推方法

Vakhidov 提出了一种只计算摄动计算有用的 Hansen 系数的递推方法[3]，即递推偏心率函数的方法。由于公式繁复，Vakhidov 利用计算机代数方法进行公式推导。为了使读者了解相关公式的推导过程，下文介绍 Vakhidov 递推方法的中心思想。

Vakhidov 方法的主要递推公式为基本递推公式（R1），当 $m=0$ 时，需要利用基本递推公式（R3）；递推初值为 $n=2$ 阶和 $n=3$ 阶偏心率函数 $X_k^{-(n+1),m}$。Vakhidov 方法的递推过程如下：

$$X_k^{-3,-2},\ \cancel{X_k^{-3,-1}},\ X_k^{-3,0},\ \cancel{X_k^{-3,1}},\ X_k^{-3,2}$$

$$X_k^{-4,-3},\ \cancel{X_k^{-4,-2}},\ X_k^{-4,-1},\ \cancel{X_k^{-4,0}},\ X_k^{-4,1},\ \cancel{X_k^{-4,2}},\ X_k^{-4,3}$$

$$X_k^{-5,-4},\ \cancel{X_k^{-5,-3}},\ X_k^{-5,-2},\ \cancel{X_k^{-5,-1}},\ X_k^{-5,0},\ \cancel{X_k^{-5,1}},\ X_k^{-5,2},\ \cancel{X_k^{-5,3}},\ X_k^{-5,4}$$

$$\cdots\cdots$$

$$X_k^{-(n+1),-n}\cancel{X_k^{-(n+1),-n+1}},\ \cdots\quad\cdots\quad\cdots\quad\cdots\quad\cdots\quad\cdots\quad\cdots,\ \cancel{X_k^{-(n+1),n-1}}X_k^{-(n+1),n}$$

其中，未被划去的函数是摄动计算中需要的偏心率函数，被划去的是摄动计算无用的函数。在递推过程中，需要利用前两行的偏心率函数，逐步递推出第三行的偏心率函数。不难看出，利用基本递推公式（R1）和（R3）可以得到每行中间的偏心率函数，但得不到排在两端的偏心率函数。因此，解决偏心率函数递推的关键在于给出计算排在两端的偏心率函数的递推公式。

Vakhidov 给出的 $X_k^{-(n+1),-n}$ 的计算公式为[3]

$$\alpha_1 X_s^{n-2,m-3}=\beta_1 X_s^{n-1,m-2}+\gamma_1 X_s^{n-1,m}+\delta_1 X_s^{n-1,m+2}+\varepsilon_1 X_s^{n,m-1}+\phi_1 X_s^{n,m+1}$$

$$\text{（V1）}$$

其中，$s\neq0,n<0$,

$$\alpha_1 = 2e^2(1-e^2)^{3/2}(m+n-2)(m+n-3)(m^2-1)$$

$$\beta_1 = 4se(2m^3+2m^2n-4m^2-nm-3n-2m+4)(1-e^2)^2$$

$$+2ne(m^2-1)\sqrt{1-e^2}\left[e^2(2m+2n-3)-2(m-2)\right]$$

$$\gamma_1 = 4se(m+1)(n+2m^2-6m+4)(1-e^2)^2$$

$$+e^3n\sqrt{1-e^2}(3n-n^2m+2-3m-2m^2+3m^3-nm-2m^2n+n^2)$$

$$+4e\sqrt{1-e^2}mn(1-m^2)$$

$$\delta_1 = e^3\sqrt{1-e^2}n(m-1)(m-n)(m-n+1)$$

$$\varepsilon_1 = 8s^2(1-e^2)^{5/2}(2-m^2+m)+4se^4(m^2-1)(m+2n-2)$$

$$+4se^2(1-m^2)(2n+3m-6)+8s(m^2-1)(m-2)$$

$$\varphi_1 = 2se^2(1-e^2)(-m^3+2m^2+mn^2-n^2-2m^2n+nm+n+m-2)$$

Vakhidov 给出的 $X_k^{-(n+1),n}$ 的计算公式为[3]：

$$\alpha_2 X_s^{n-2,m+3} = \beta_2 X_s^{n-1,m+2}+\gamma_2 X_s^{n-1,m}+\delta_2 X_s^{n-1,m-2}+\varepsilon_2 X_s^{n,m+1}+\phi_2 X_s^{n,m-1}$$

$$(\text{V2})$$

其中，$s\neq0,n<0$，

$$\alpha_2 = 2e^2(1-e^2)^{3/2}(m-n+2)(m-n+3)(m^2-1)$$

$$\beta_2 = 4se(2m^3-2m^2n+4m^2-nm+3n-2m-4)(1-e^2)^2$$

$$+2ne(m^2-1)\sqrt{1-e^2}\left[e^2(2n-2m-3)+2(m+2)\right]$$

$$\gamma_2 = 4se(m-1)(n+2m^2+6m+4)(1-e^2)^2$$

$$+e^3n\sqrt{1-e^2}(3n+n^2m+2+3m-2m^2-3m^3+nm-2m^2n+n^2)$$

$$+4e\sqrt{1-e^2}mn(m^2-1)$$

$$\delta_2 = e^3\sqrt{1-e^2}n(m+1)(m+n)(1-m-n)$$

$$\varepsilon_2 = 8s^2(1-e^2)^{5/2}(2-m^2-m)+4se^4(m^2-1)(m-2n+2)$$

$$+4se^2(m^2-1)(2n-3m-6)+8s(m^2-1)(m+2)$$

$$\varphi_2 = 2se^2(1-e^2)(-m^3-2m^2+mn^2+n^2+2m^2n+nm-n+m+2)$$

注意：式（V1）和（V2）中，$s\Rightarrow k,n\Rightarrow-n$，相应函数表达形式即与本专著一致。

利用 Vakhidov 递推方法，对于给定的指标 k 和 N（指标 n 的上限），给定偏心率函数的两行初值：

$$X_k^{-3,-2}, X_k^{-3,0}, X_k^{-3,2}$$

$$X_k^{-4,-3}, X_k^{-4,-1}, X_k^{-4,1}, X_k^{-4,3}$$

即可递推出 $X_k^{-(n+1),m}$ ($n=4,5,\cdots,N; m=-n,-n+2,\cdots,n-2,n$)。

由上文可以看出，Vakhidov 递推方法的主要贡献是：利用计算机代数方法，推导出了递推公式（V1）和（V2），使得递推可以在"有用的"偏心率函数之间进行，即递推公式右端均是"有用的"偏心率函数；使得递推得到的函数均是"有用的"偏心率函数，节省了大量的内存和计算时间。

2. 偏心率函数的（R1）、（R3）和（R6）向前递推方法

由于 Vakhidov 给出的递推公式（V1）和（V2）是通过计算机代数方法推导得到的，显然公式比较复杂，应该进行改进。改进的方法是：利用递推公式（R6），结合基本递推公式（R1）和（R3），开展相应的偏心率函数的 n 向前递推，其递推过程与上述 Vakhidov 递推方法相同。首先，利用基本递推公式（R1），递推出每行中间的偏心率函数（当 $m=0$ 时，利用基本递推公式（R3）进行递推）；然后，利用递推公式（4.37）和（4.38），计算排在两端的 $X_k^{-(n+1),n}$ 和 $X_k^{-(n+1),-n}$。

类似于上述 Vakhidov 递推方法，对于给定的指标 k 和 N（指标 n 的上限），给定偏心率函数的两行初值，即可完成偏心率函数的向前递推运算。显然，递推公式（4.37）和（4.38）的右端也均是"有用的"偏心率函数，同样可以达到在偏心率函数内进行递推的目的。而且，递推公式（4.37）和（4.38）明显比 Vakhidov 给出的递推公式（V1）和（V2）简单，递推公式（4.37）和（4.38）也没有奇点，但有 e 分母。

3. 偏心率函数的（R1）向后递推方法

Vakhidov 递推方法实际上是采用了基本递推公式（R1）和（R3）的 n 向前递推，这时有"另外计算"$X_k^{-(n+1),n}$ 和 $X_k^{-(n+1),-n}$ 的问题。如果采用基本递推公式（R1）的 n 向后递推，这个问题就没有了，这时相应的递推公式为：

$$kX_k^{-n,m} = m\sqrt{1-e^2}X_k^{-(n+2),m} - \frac{ne}{2\sqrt{1-e^2}}\left[X_k^{-(n+1),m-1} - X_k^{-(n+1),m+1}\right]$$

$$(4.45)$$

利用递推公式（4.45）向后递推，需要计算两行初值，但是它适用于偏心率函数的递推。递推计算出偏心率函数后，偏心率函数的导数可以利用下式计算[1]：

$$\frac{\mathrm{d}X_k^{n,m}}{\mathrm{d}e} = \frac{2m-n}{2}X_k^{n-1,m+1} - \frac{2m+n}{2}X_k^{n-1,m-1} - \frac{me}{4(1-e^2)}(X_k^{n,m+2} - X_k^{n,m-2})$$

$$(4.46)$$

对于给定的指标 k 和 N(指标 n 的上限),给定偏心率函数的两行初值:

$$X_k^{-(N+1),m}(m = -N, -N+2, \cdots, N-2, N)$$

$$X_k^{-N,m}(m = -N+1, -N+3, \cdots, N-3, N-1)$$

利用递推公式(4.45),即可递推出

$$X_k^{-(n+1),m}(n = N-2, N-3, \cdots, 2; m = -n, -n+2, \cdots, n-2, n)$$

这种递推方法非常简单,而且没有奇点,也没有 e 分母。因此,这也许是偏心率函数递推计算比较合适的方法。

4. 偏心率函数的核及其导数的(R1)向后递推方法

如果需要递推偏心率函数的核,将 $X_k^{-(n+1),m} = e^{|k-m|} K_k^{-(n+1),m}$ 代入递推公式(4.45),有

$$ke^{|k-m|} K_k^{-n,m} = m\sqrt{1-e^2} e^{|k-m|} K_k^{-(n+2),m}$$

$$-\frac{ne}{2\sqrt{1-e^2}}\left[e^{|k-m+1|} K_k^{-(n+1),m-1} - e^{|k-m-1|} K_k^{-(n+1),m+1}\right]$$

$$(4.47)$$

这时,需要分 3 种情况递推。对于 $k-m \geqslant 1$,有

$$kK_k^{-n,m} = m\sqrt{1-e^2} K_k^{-(n+2),m} - \frac{n}{2\sqrt{1-e^2}}\left[e^2 K_k^{-(n+1),m-1} - K_k^{-(n+1),m+1}\right]$$

$$(4.48a)$$

对于 $k-m = 0$,有

$$kK_k^{-n,m} = m\sqrt{1-e^2} K_k^{-(n+2),m} - \frac{ne^2}{2\sqrt{1-e^2}}\left[K_k^{-(n+1),m-1} - K_k^{-(n+1),m+1}\right]$$

$$(4.48b)$$

对于 $k-m \leqslant -1$,有

$$kK_k^{-n,m} = m\sqrt{1-e^2} K_k^{-(n+2),m} - \frac{n}{2\sqrt{1-e^2}}\left[K_k^{-(n+1),m-1} - e^2 K_k^{-(n+1),m+1}\right]$$

$$(4.48c)$$

将式(4.48a)~(4.48c)对 e^2 求导,并令 $K_k'^{-(n+1),m} = \frac{\mathrm{d}K_k^{-(n+1),m}}{\mathrm{d}e^2}$,对于 $k-m \geqslant 1$,有

$$k \sqrt{1-e^2}\, K_k'^{\,-n,m} = m(1-e^2)K_k'^{\,-(n+2),m} - \frac{n}{2}\Big[e^2 K_k'^{\,-(n+1),m-1} - K_k'^{\,-(n+1),m+1} \Big]$$

$$- mK_k^{-(n+2),m} + \frac{k}{2\sqrt{1-e^2}}K_k^{-n,m} - \frac{n}{2}K_k^{-(n+1),m-1}$$

$$(4.49a)$$

对于 $k - m = 0$，有

$$k \sqrt{1-e^2}\, K_k'^{\,-n,m} = m(1-e^2)K_k'^{\,-(n+2),m} - \frac{ne^2}{2}\Big[K_k'^{\,-(n+1),m-1} - K_k'^{\,-(n+1),m+1} \Big]$$

$$- mK_k^{-(n+2),m} + \frac{k}{2\sqrt{1-e^2}}K_k^{-n,m} - \frac{n}{2}\Big[K_k^{-(n+1),m-1} - K_k^{-(n+1),m+1} \Big]$$

$$(4.49b)$$

对于 $k - m \leqslant -1$，有

$$k \sqrt{1-e^2}\, K_k'^{\,-n,m} = m(1-e^2)K_k'^{\,-(n+2),m} - \frac{n}{2}\Big[K_k'^{\,-(n+1),m-1} - e^2 K_k'^{\,-(n+1),m+1} \Big]$$

$$- mK_k^{-(n+2),m} + \frac{k}{2\sqrt{1-e^2}}K_k^{-n,m} + \frac{n}{2}K_k^{-(n+1),m+1}$$

$$(4.49c)$$

对于给定的指标 k 和 N（指标 n 的上限），给定偏心率函数的核及其对 e^2 的导

数 $K_k'^{\,-(n+1),m} = \dfrac{\mathrm{d}K_k^{-(n+1),m}}{\mathrm{d}e^2}$ 的两行初值：

$$K_k^{-(N+1),m}(m = -N, -N+2, \cdots, N-2, N)$$

$$K_k^{-N,m}(m = -N+1, -N+3, \cdots, N-3, N-1)$$

$$K_k'^{\,-(N+1),m} = \frac{\mathrm{d}K_k^{-(N+1),m}}{\mathrm{d}e^2}(m = -N, -N+2, \cdots, N-2, N)$$

$$K_k'^{\,-N,m} = \frac{\mathrm{d}K_k^{-N,m}}{\mathrm{d}e^2}(m = -N+1, -N+3, \cdots, N-3, N-1)$$

利用递推公式(4.48)和(4.49)，即可递推出

$$K_k^{-(n+1),m}, K_k'^{\,-(n+1),m} = \frac{\mathrm{d}K_k^{-(n+1),m}}{\mathrm{d}e^2}(n = N-2, N-3, \cdots, 2; m = -n, -n+2, \cdots, n-2, n)$$

然后，再根据 $\dfrac{\mathrm{d}K_k^{-(n+1),m}}{\mathrm{d}e} = 2e\,\dfrac{\mathrm{d}K_k^{-(n+1),m}}{\mathrm{d}e^2} = 2eK_k'^{\,-(n+1),m}$，得到偏心率函数的核对 e

的导数。

5. 偏心率函数及其导数的成批计算方法

采用 Hansen 系数及其导数的定积分方法，可以实现偏心率函数及其导数的成

批计算,相应的计算公式仍是:

$$X_k^{n,m} = \frac{1}{\pi}\int_0^\pi \left(\frac{r}{a}\right)^{n+1} \cos(mf - kM)\mathrm{d}E$$

$$\frac{\mathrm{d}X_k^{n,m}}{\mathrm{d}e} = -\frac{1}{\pi}\int_0^\pi \left(\frac{r}{a}\right)^{n+1}\left[n\,\frac{a}{r}\cos f\cos(mf - kM) \right.$$

$$\left. +\frac{m}{1-e^2}(2 + e\cos f)\sin f\sin(mf - kM) \right]\mathrm{d}E$$

利用定积分计算,将偏心率函数 $G_{lpq} = X_{l-2p+q}^{-(l+1),l-2p}$ 及其导数 $\frac{\mathrm{d}G_{lpq}}{\mathrm{d}e}$ 一次性地计算出来($p = 0,1,\cdots,l$;$q = -Q, -Q+1,\cdots,Q$;Q 为指标 q 的最大值)。

当然,严格说来,这种偏心率函数及其导数的成批计算方法,不是递推方法,仍然是直接计算方法。但是,在成批计算过程中,与 l 或 n 有关的量(包括计算公式中的 $\frac{r}{a}$、f 和 M)只计算一次;同时,还可以利用偏心率函数的对称性 $G_{lpq} = G_{l,l-p,-q}$,p 只计算 $0,1,\cdots,l/2$,从而计算量减少了一半。因此,这种偏心率函数及其导数的成批计算方法的计算效率较高。

6. 偏心率函数的成批递推方法

偏心率函数的成批递推方法的核心,仍然是基本递推公式(R1)向后递推、基本递推公式(R1)和(R3)向前递推。

先分析偏心率函数的(R1)向后递推方法,此时改用式(4.4)作为递推计算公式,即

$$\begin{aligned}(l-2p+q)\sqrt{1-e^2}\,G_{l-2,p-1,q} &= (l-2p)(1-e^2)G_{lpq} \\ &+ \frac{(l-1)e}{2}(G_{l-1,p-1,q-1} - G_{l-1,p,q+1})\end{aligned} \qquad (4.50)$$

相应的递推初值为

$$G_{lpq}(p = 0,1,\cdots,l;\, q = -Q, -Q+1,\cdots,Q)$$
$$G_{l-1,p,q}(p = 0,1,\cdots,l-1;\, q = -Q, -Q+1,\cdots,Q)$$

其中,Q 为指标 q 的最大值。在递推时,指标 p 的取值为 $1,2,\cdots,l-1$(未考虑偏心率函数的对称性),即可计算出

$$G_{l-2,p-1,q}(p = 1,2,\cdots,l-1;\, q = -Q, -Q+1,\cdots,Q)$$

对指标 l 进行循环,即 l 的取值从 L 到 4(L 为指标 l 的最大值),就可将所有需要的偏心率函数 G_{lpq} 都递推计算出来。当然,也可以一次一次地递推,每递推一次,

就可计算出一个 l 的摄动,这样可以节省数据的存储量。但是,这种递推是不完整的,有两个问题需要注意:当 $l-2p+q=0$ 时,需要利用第二章中指标 $k=0$ 的 Hansen 系数,即 $X_0^{-(n+1),m}$ 的递推方法计算;当 $q=\pm Q$ 时,递推公式(4.50)中的 $(G_{l-1,p-1,q-1}-G_{l-1,p,q+1})$ 会出现没有初值的问题,需要利用 Hansen 系数的直接计算方法计算。

不难看出,上述这种递推方法中,有 3 个 q 值的偏心率函数 G_{lpq} 需要"另外计算"。也就是说,当 $Q=10$ 时,21 个 q 值中有 3 个不能递推,但还有 18 个 q 值的偏心率函数 G_{lpq} 是可以递推的。利用偏心率函数的对称性 $G_{lpq}=G_{l,l-p,-q}$,偏心率函数 G_{lpq} 的计算量又可以减少一半,计算效率要比逐个指标 k 等于常数的递推方法高得多。然而值得指出的是,这种利用递推公式(4.50)的偏心率函数向后递推的成批递推方法还存在显著的缺点:一方面,需要提供高阶偏心率函数的初值,当偏心率较大时,可能初值误差较大;另一方面,从数量级大的偏心率函数向数量级小的偏心率函数递推,容易损失有效位数。

为了克服上述这两方面显著缺点,可以利用基本递推公式(R3)的向前递推方法,这时递推公式为

$$(1-e^2)^2 G_{lpq} = \left(1-\frac{e^2}{2}\right) G_{l-2,p-1,q} + (1-e^2)e(G_{l-1,p-1,q-1}+G_{l-1,p,q+1})$$

$$-\frac{e^2}{4}(G_{l-2,p-2,q-2}+G_{l-2,p,q+2}) \tag{4.51}$$

为了得到所有的指标 p 和 q 的偏心率函数 G_{lpq},指标 p 必须为 $0,1,\cdots,l$,这时就可能出现 p 超标的情况。此外,与上述利用递推公式(4.50)的向后递推方法一样,还存在 q 超标的情况,可能超标的情况如表 4.2 所示。由表 4.2 可知,利用递推公式(4.51)的偏心率函数向前递推方法,$p=0$、$p=1$、$p=l-1$、$p=l$、$q=-Q$、$q=-Q+1$、$q=Q-1$ 和 $q=Q$ 的偏心率函数 G_{lpq} 必须直接计算,无法递推。根据偏心率函数的对称性,$p=l-1$ 和 $p=l$ 的超标情况可以规避掉。利用递推公式(4.51)的偏心率函数向前递推方法,没有奇点,也没有 e 分母,其计算量相对利用递推公式(4.50)的偏心率函数向后递推方法较大;通过偏心率函数的对称性,计算量可以减少一半,计算量还是可以接受的。

表 4.2　利用递推公式(4.51)的向前递推方法,偏心率函数 G_{lpq} 成批递推计算中可能超标的情况

偏心率函数	p 超标	q 超标
$G_{l-2,p-1,q}$	$p=0, p=l$	
$G_{l-1,p-1,q-1}$	$p=0$	$q=-Q$
$G_{l-1,p,q+1}$	$p=l$	$q=Q$
$G_{l-2,p-2,q-2}$	$p=0, p=1$	$q=-Q, q=-Q+1$
$G_{l-2,p,q+2}$	$p=l-1, p=l$	$q=Q-1, q=Q$

如果当 $l-2p\neq0$ 时,使用基本递推公式(R1)向前递推,类似地,递推公式(4.4)中的相关项在 $p=0$、$p=l$ 和 $q=\pm Q$ 情况下超标。而使用基本递推公式(R3),只向前递推计算 $l-2p=0$ 的情况(亦即 $p=l/2$ 的情况),则递推公式(4.51)中的相关项仅在 $q=\pm(Q-1)$ 和 $q=\pm Q$ 情况下超标。这样,能够克服利用基本递推公式(R1),亦即递推公式(4.50)向后递推的相应显著缺点,降低利用基本递推公式(R3),亦即递推公式(4.51)向前递推的计算量。假定需要考虑的地球引力场摄动函数的最高阶为100,偏心率函数 G_{lpq} 的指标 q 的求和范围为 $-10\sim10$,那么需要计算的偏心率函数 G_{lpq} 的总数为:$5\,148\times21=108\,108$,考虑到偏心率函数的对称性,实际只需要计算 $54\,079$ 个即可,这就是偏心率函数 G_{lpq} 的直接计算方法所需要的计算量。如果利用上述基本递推公式(R1)和(R3)的向前递推方法,亦即采用递推公式(4.4)和(4.51)的向前递推方法,同时借助偏心率函数的对称性,此时偏心率函数 G_{lpq} 的成批递推的计算量 $\widetilde{Q}$ 为:

$$\begin{cases} \widetilde{Q} = \widetilde{Q}_d + \widetilde{Q}_r \times \dfrac{T_r}{T_d} \\[2mm] \widetilde{Q}_d = 21 + 11 + 2\times21 + 49\times2 + 97\times19 + \sum_{l=4}^{100}\overline{\left[\dfrac{l+1}{2}\right]}\times2 = 7\,107 \\[2mm] \widetilde{Q}_r = 54\,079 - \widetilde{Q}_d = 46\,972 \end{cases}$$

$$(4.52)$$

其中,$\widetilde{Q}_d$、$\widetilde{Q}_r$ 分别为偏心率函数的直接计算个数和递推计算个数,T_r/T_d 表示递推计算时间与直接计算时间之比,$\overline{[\cdot]}$ 表示取整数。如果假定 $T_r/T_d=0.01$,则由式(4.52)可得,偏心率函数 G_{lpq} 成批递推的计算量 $\widetilde{Q}\approx7\,577$,仅为直接计算方法的计算量的14.01%,相应的计算效率比直接计算方法可提高约6.14倍;如果假定 $T_r/T_d=0.003$,则由式(4.52)可得,偏心率函数 G_{lpq} 成批递推的计算量 $\widetilde{Q}\approx7\,248$,仅为

直接计算方法的计算量的 13.40%,相应的计算效率比直接计算方法可提高约 6.46 倍。

综上,基于基本递推公式(R1)和(R3)的向前递推方法,亦即采用递推公式 (4.4)和(4.51)的向前递推方法,我们给出了一种效率较高的偏心率函数的成批递推 方法[6],这时相应的递推公式可更为明了地表达如下:

$$
G_{lpq} = \begin{cases}
\dfrac{1}{(1-e^2)^2}\left[\left(1-\dfrac{e^2}{2}\right)G_{l-2,p-1,q} + (1-e^2)e(G_{l-1,p-1,q-1}+G_{l-1,p,q+1})\right. \\
\left. -\dfrac{e^2}{4}(G_{l-2,p-2,q-2}+G_{l-2,p,q+2})\right] \qquad\qquad (l-2p=0) \\[2mm]
\dfrac{1}{(l-2p)(1-e^2)}\left[(l-2p+q)\sqrt{1-e^2}\,G_{l-2,p-1,q}\right. \\
\left. -\dfrac{(l-1)e}{2}(G_{l-1,p-1,q-1}-G_{l-1,p,q+1})\right] \qquad (l-2p\neq 0)
\end{cases}
$$

$$(4.53)$$

这种成批递推方法的最大好处是:它是向前递推的,需要的初值少,从量级小的 偏心率函数到量级大的偏心率函数递推,能够保证递推计算的精度。

4.3　Hansen 系数的直接计算方法和递推方法的计算效率比较

在上文中,我们介绍了许多 Hansen 系数的递推方法。众所周知,使用递推方法 的目的是为了提高计算效率,下文中我们举例比较 Hansen 系数 $X_k^{-(n+1),m}$ 直接计算 方法和利用 k 等于常数的递推方法的计算效率。如前文所述,假定需要考虑的地球 引力场摄动函数的最高阶为 100,偏心率函数 G_{lpq} 的指标 q 的求和范围为 $-10\sim10$, 考虑到偏心率函数的对称性,利用偏心率函数 G_{lpq} 的直接计算方法,需要的计算量 为 54 079 个。

然而,采用偏心率函数 $G_{lpq}=X_{l-2p+q}^{-(l+1),l-2p}$ 的 $k=l-2p+q$ 等于常数的递推方 法,通过递推公式(R1)、(R3)和(R6)的向前递推计算,通过递推公式(R1)的向后递 推计算,均需要两行初值,相应地,偏心率函数 G_{lpq} 向前递推、向后递推的计算量 $\widetilde{Q}_f$ 和 $\widetilde{Q}_b$ 分别为

$$\begin{cases} \widetilde{Q}_f = 7 \times \tilde{K} + 108\,101 \times \tilde{K} \times \dfrac{T_r}{T_d} \\[2mm] \widetilde{Q}_b = 201 \times \tilde{K} + 107\,907 \times \tilde{K} \times \dfrac{T_r}{T_d} \end{cases} \tag{4.54}$$

其中,$\tilde{K}$是由偏心率函数G_{lpq}的 3 个指标l、p和q所确定的一个常数,T_r是递推计算时间,T_d是直接计算时间。按照上述与直接计算方法同样的要求,考虑到偏心率函数的对称性,$\tilde{K} = 111$。

如果假定递推计算时间与直接计算时间之比$T_r/T_d = 0.01$,则由式(4.54)可得,偏心率函数G_{lpq}向前递推的计算量$\widetilde{Q}_f \approx 120\,769$,向后递推的计算量$\widetilde{Q}_b \approx 142\,088$,这时偏心率函数$G_{lpq}$的递推计算显然是不合算的。即使假定递推计算时间与直接计算时间之比$T_r/T_d = 0.003$,由式(4.54)可得,偏心率函数G_{lpq}向前递推的计算量$\widetilde{Q}_f \approx 36\,775$,向后递推的计算量$\widetilde{Q}_b \approx 58\,244$,这时偏心率函数$G_{lpq}$的递推计算,只有向前递推是合算的。此外,由式(4.54)还不难看出,即使递推时间$T_r = 0$,偏心率函数G_{lpq}向后递推的计算量$\widetilde{Q}_b$,约是直接计算方法计算量的 41.26%,相应的计算效率比直接计算方法仅提高约 1.42 倍。

如 4.2.5 节中所述,如果采用偏心率函数的成批递推方法,计算量能比直接计算方法明显要小,计算效率明显优于直接计算方法,比相应的指标k等于常数的递推方法高得多。但是,为了进一步提高递推计算的效率,更加高效的 Hansen 系数的递推方法仍然需要深入的研究。

4.4 递推算例

由于递推方法的计算公式比较简单,因此在递推算例中仅介绍递推公式(R5)向后递推方法和递推公式(R6)向前递推方法。递推公式(R5)向后递推方法适用于普通 Hansen 系数的递推,这种方法最简单;递推公式(R6)向前递推方法适用于偏心率函数的递推,这种方法实际上利用了(R1)、(R3)和(R6)三种递推公式,计算程序比较复杂。

对于指标$k = 1$,偏心率$e = 0.1$,相应计算结果如表 4.3 所示。这里给出该算例是为了清晰地展现递推公式(R5)和(R6)递推方法的递推过程:需要哪些初值,递推出哪些结果。表 4.3 中，给出了 6 列数据，前 3 列分别是 Hansen 系数 $X_k^{-(n+1),m}(e)$ 的指标 n、$-(n+1)$ 和 m，后面 3 列分别是 Wnuk 方法[5]、递推公式（R5）向后递推方法和递推公式（R6）向前递推方法的计算结果。Wnuk 方法的计算结果用来作为参考，比对递推公式（R5）和（R6）递推方法的递推计算结果。表 4.3 后两列中，有灰色底的数据是递推初值，其他均是递推结果。

表 4.3　Hansen 系数 $X_k^{-(n+1),m}(e)$ 递推的简单算例（$k=1,e=0.1$）

n	$-(n+1)$	m	Wnuk 方法	（R5）向后递推方法	（R6）向前递推方法
5	−6	−5	.220463393108E−10	.220463393108E−10	.220465230850E−10
5	−6	−4	.886030357479E−06	.886030357479E−06	
5	−6	−3	.709351254089E−04	.709351254089E−04	.709351254089E−04
5	−6	−2	.230562863411E−02	.230562863411E−02	
5	−6	−1	.379033046485E−01	.379033046485E−01	.379033046485E−01
5	−6	0	.315059918333E+00	.315059918333E+00	
5	−6	1	.106724073232E+01	.106724073232E+01	.106724073232E+01
5	−6	2	.105280679952E+00	.105280679952E+00	
5	−6	3	.393010452060E−02	.393010452060E−02	.393010452061E−02
5	−6	4	.438917338407E−04	.438917338407E−04	
5	−6	5	.262254655670E−06	.262254655670E−06	.262254655504E−06
4	−5	−4	.263814353966E−08	.263814353966E−08	.263814351998E−08
4	−5	−3	.174907485179E−04	.174907485179E−04	
4	−5	−2	.105469787460E−02	.105469787460E−02	.105469787460E−02
4	−5	−1	.245399987149E−01	.245399987149E−01	
4	−5	0	.258630759867E+00	.258630759867E+00	.258630759867E+00
4	−5	1	.104103118694E+01	.104103118694E+01	
4	−5	2	.521120013220E−01	.521120013220E−01	.521120013220E−01
4	−5	3	.128624966754E−02	.128624966754E−02	
4	−5	4	−.209251647771E−04	−.209251647771E−04	−.209251647777E−04
3	−4	−3	.263043347113E−06	.263043347113E−06	.263043347113E−06
3	−4	−2	.341066515102E−03	.341066515102E−03	
3	−4	−1	.140614245716E−01	.140614245716E−01	.140614245716E−01

(续表)

n	$-(n+1)$	m	Wnuk 方法	(R5)向后递推方法	(R6)向前递推方法
3	-4	0	$.204322416608E+00$	$.204322416608E+00$	
3	-4	1	$.102037928865E+01$	$.102037928865E+01$	$.102037928865E+01$
3	-4	2	$.509311808276E-03$	$.509311808276E-03$	
3	-4	3	$.125210136568E-02$	$.125210136568E-02$	$.125210136568E-02$
2	-3	-2	$.209775890238E-04$	$.209775890238E-04$	$.209775890238E-04$
2	-3	-1	$.633435513970E-02$	$.633435513970E-02$	
2	-3	0	$.151708126135E+00$	$.151708126135E+00$	$.151708126135E+00$
2	-3	1	$.100508697100E+01$	$.100508697100E+01$	
2	-3	2	$-.499376309904E-01$	$-.499376309904E-01$	$-.499376309904E-01$

对于递推公式(R5)向后递推方法,需要 $n=5$(或 $-(n+1)=-6$)的所有 11 个数据(这里从 $n=5$(或 $-(n+1)=-6$)开始递推,如果递推的阶次更高,需要计算更多的初值);而对于递推公式(R6)向前递推方法,需要给出 $n=2$ 和 $n=3$(或 $-(n+1)=-3$ 和 $-(n+1)=-4$)两行 7 个数据,而只要给出偏心率函数的数据即可,给出的递推结果,同样也只有偏心率函数。

由表 4.3 中的递推结果可见:递推公式(R5)向后递推方法的计算结果较好,与 Wnuk 方法的计算结果一致。但是,递推公式(R6)向前递推方法的计算结果一开始就出现了误差,表 4.3 最后一列递推结果中加粗的数字为有效数字,标为斜体的数字就是计算有误差的数据。这也许是由于递推公式中的几个数据相加减,损失了有效数字。特别是对于绝对值较小的偏心率函数,有效数字损失得比较严重。例如,$X_1^{-6,-5}(0.1)$ 只有 5 位有效数字。如果需要递推到更高的阶,这种现象可能会更加严重,因此需要给予特别的关注。

4.5 大偏心率轨道的 Hansen 系数计算

由于大偏心率轨道的 Hansen 系数计算很困难,因而大家都关注这个问题。下文仅以偏心率 $e=0.75$ 的轨道为例进行讨论。

4.5.1　计算方法稳定性的判别

如前文第三章中所述,为了比较各种 Hansen 系数直接计算方法的优劣,需要一个判别计算方法稳定性的准则。实际上,利用直接计算方法计算得到 Hansen 系数,通过判别这些数据是否满足 Hansen 系数的递推关系,就可判别方法的稳定性。

不难验证,对于小偏心率,第三章中各种 Hansen 系数直接计算方法的计算结果均满足递推关系。但是,对于大偏心率,就不一定满足了。举一个例子,偏心率函数的递推关系式为[1]

$$G_{l-2,p-1,q} = \frac{l-2p}{l-2p+q} \sqrt{1-e^2}\, G_{lpq} + \frac{(l-1)e}{2(l-2p+q)\sqrt{1-e^2}}$$
$$\times (G_{l-1,p-1,q-1} - G_{l-1,p,q+1})$$

对于偏心率 $e = 0.75$,指标 $l = 30$、$p = 29$ 和 $q = -1$,Wnuk 方法[5] 和 McClain 方法 $1^{[2,7]}$,即式(3.17)和(3.38)或式(3.87)和(3.76)的程序计算结果,见表 4.4。要判别 Wnuk 方法和 McClain 方法 1 的计算结果是否稳定,只需将计算结果代入上述递推关系式即可。对于 Wnuk 方法,此时

$G_{lpq} = 0.205\,635\,579\,112\,8 \times 10^3$,　$G_{l-1,p,q+1} = 0.421\,002\,587\,446\,4 \times 10^2$

$G_{l-1,p-1,q-1} = 0.907\,997\,196\,807\,2 \times 10^2$,　$G_{l-2,p-1,q} = 0.154\,223\,101\,974\,1 \times 10^2$

又 $l = 30$,$l - 2p = -28$,$l - 2p + q = -29$,$l - 1 = 29$,于是递推关系式右边 = $94.51\,164\,097 \neq 15.422\,310\,20$(递推关系式左边)。显然,这个结果不能认为是稳定的。对于 McClain 方法 1,通过类似判别,相应的计算结果更不稳定。

表 4.4　稳定性判别数据(双精度计算)

l	p	q	k	Wnuk 方法:式(3.17)或(3.87)计算[a]	McClain 方法 1:式(3.38)或(3.76)计算[b]
30	29	-1	-29	0.2056355791128E+03	-0.2798599055085E+09
29	29	0	-29	0.4210025874464E+02	-0.8434735464470E+09
29	28	-2	-29	0.9079971968072E+02	-0.2036490638135E+09
28	28	-1	-29	0.1542231019741E+02	-0.1645853936500E+09

[a]式(3.17)或(3.87)中指标 s 的求和限为 0~50,指标 t 的求和限为 -50~50

[b]式(3.38)或(3.76)中指标 i 的求和限为 0~70

进一步分析表明，Wnuk 方法计算结果不稳定是由于求和范围不够，而 McClain 方法 1 计算结果不稳定是由于计算机字长不够。我们扩大 Wnuk 方法的求和范围，在 McClain 方法 1 中利用四精度运算，计算结果如表 4.5 所示。由表 4.5 可知，这两种结果可以认为是稳定的。应该说明，由于 McClain 方法 1 的计算效率很高，即使采用四精度来计算时间也较短，可以满足实用要求。

表 4.5　稳定性判别数据

l	p	q	k	Wnuk 方法：式(3.17)或(3.87)计算[a]	McClain 方法 1：式(3.38)或(3.76)计算[b]
30	29	-1	-29	0.6535635128884E+02	0.6539885877329E+02
29	29	0	-29	0.6202499298121E+00	0.6252491546172E+00
29	28	-2	-29	0.6271316802174E+02	0.6275657198574E+02
28	28	-1	-29	0.6538245252618E+01	0.6540499734199E+01

[a] 式(3.17)或(3.87)双精度运算，其中指标 s 的求和限为 0～70，指标 t 的求和限为 -70～70

[b] 式(3.38)或(3.76)四精度运算，其中指标 i 的求和限为 0～70

4.5.2　重点 Hansen 系数

考察指标 l 相同的 Hansen 系数 $X_{l-2p+q}^{-(l+1),l-2p} = G_{lpq}$，我们发现：对于所有的 l，数量级最大的 Hansen 系数均出现在 $p=l/2$ 或其附近。显然，这些函数引起的摄动量级也最大，是我们必须重点关注的 Hansen 系数。为了表达方便，我们称这些数量级最大的 Hansen 系数为重点 Hansen 系数，它对应的指标 p 称为重点 p。

给定指标 l，再考察对于不同的指标 p，又有 Hansen 系数的数量级最大，对应的指标 q 称为重点 q。对应不同 p，重点 q 的数值也在变化：p 减小时，重点 q 的数值增大；p 增大时，重点 q 的数值减小。当 l 为偶数时，重点 $p=l/2$，对于重点 p，重点 $q=0$；当 l 为奇数时，有两个重点 p：$p=(l-1)/2$ 和 $p=(l+1)/2$，且两个重点 p 对应的重点 q 互为相反数，这是偏心率函数的对称性 $G_{lpq}=G_{l,l-p,-q}$ 的体现。偏离重点 p 时，重点 Hansen 系数的数值也在减小；而且，对应的 $k=l-2p+q$ 的绝对值也在增大。这些均表明，它们对摄动的作用在减小。这种变化是很有规律的。对于 $l=32$，不同 p 和 q 的 Hansen 系数及其导数的变化如图 4.1 和 4.2 所示。这一变化规律对选取指标 p 和 q 的求和限很有帮助。据此，我们可以

选择 q 的求和范围,甚至还可以减少一些 p 的求和范围。

值得指出的是:当指标 l 为偶数时,重点 $p = l/2$,对于重点 p,重点 $q = 0$,则 $k = l - 2p + q = 0$,相应的地球引力场田谐摄动项是 m-daily 项,在摄动计算中一般需要予以考虑,涉及的 Hansen 系数为 $X_0^{-(l+1),0}$,Hansen 系数 $X_0^{-(n+1),m}$ 的计算已在第 2 章做了详细阐述。针对地球引力场田谐摄动短周期项,$k = l - 2p + q \neq 0$ 的 Hansen 系数 $X_{l-2p+q}^{-(l+1),l-2p}$ 中,当指标 l 为偶数时,重点 $p = l/2$,对于重点 p,重点 q 则为 $q = \pm 1$。

表 4.6 中,列出了轨道偏心率 $e = 0.75$ 时,针对地球引力场田谐摄动短周期项($m \neq 0, k = l - 2p + q \neq 0$),指标 $l = 2, 3, \cdots, 32$ 的重点 Hansen 系数及其导数,同时还列出了轨道半长径 $a = 4.125$ 时相应的 a^{l-1} 值(轨道半长径 a 的计算单位是地球赤道半径)。由表 4.6 可知,a^{l-1} 值与重点 Hansen 系数及其导数几乎同步增加,这就保证了摄动函数展开式和摄动计算的收敛不受 Hansen 系数及其导数数值增加的影响。

计算地球引力场田谐摄动短周期项,我们不仅要计算 Hansen 系数及其导数,还需要进行求和运算。由图 4.1 和 4.2 可见,对于每一个 p,重点 Hansen 系数及其导数的数值均比较大,不同 p 的曲线的峰值几乎一样大,这就好像需要计算 $q = -100 \sim 100$ 的 Hansen 系数及其导数。显然,这是很困难的,我们需要解决这个困难。

表 4.6　重点 Hansen 系数及其导数,以及 a^{l-1} 值($e = 0.75, a = 4.125$)

l	重点 p	重点 q	重点 Hansen 系数	重点 Hansen 系数的导数	a^{l-1} 值
2	1	$-1, 1$	3.123424368790E＋00	1.833211382647E＋01	4.125000000000E＋00
3	1, 2	5, -5	9.417387237031E＋00	8.545437707750E＋01	1.701562500000E＋01
4	2	$-1, 1$	3.292885419256E＋01	4.400631715619E＋02	7.018945312500E＋01
5	2, 3	7, -7	1.139204437566E＋02	1.976825510046E＋03	2.895314941406E＋02
6	3	$-1, 1$	4.141483182415E＋02	8.831778160292E＋03	1.194317413330E＋03
7	3, 4	8, -8	1.512471854307E＋03	3.840249108203E＋04	4.926559329987E＋03
8	4	$-1, 1$	5.630365498401E＋03	1.651051383419E＋05	2.032205723619E＋04
9	4, 5	8, -8	2.109134985382E＋04	7.019592950119E＋05	8.382848609930E＋04
10	5	$-1, 1$	7.968077312176E＋04	2.974111825335E＋06	3.457925051596E＋05
11	5, 6	8, -8	3.026739499739E＋05	1.248508742408E＋07	1.426394083783E＋06
12	6	$-1, 1$	1.155330176303E＋06	5.236707749868E＋07	5.883875595607E＋06
13	6, 7	9, -9	4.429024345322E＋06	2.186181084491E＋08	2.427098683188E＋07
14	7	$-1, 1$	1.702593468743E＋07	9.079490911798E＋08	1.001178206815E＋08

（续表）

l	重点 p	重点 q	重点 Hansen 系数	重点 Hansen 系数的导数	a^{l-1} 值
15	7, 8	9, −9	6.568977379414E+07	3.766672603201E+09	4.129860103112E+08
16	8	−1, 1	2.538449626584E+08	1.556783605810E+10	1.703567292534E+09
17	8, 9	9, −9	9.840000481751E+08	6.428414343114E+10	7.027215081701E+09
18	9	−1, 1	3.817903161528E+09	2.646902309889E+11	2.898726221202E+10
19	9, 10	9, −9	1.485299069762E+10	1.089069003564E+12	1.195724566246E+11
20	10	−1, 1	5.781515844350E+10	4.470796993939E+12	4.932363835763E+11
21	10, 11	9, −9	2.255629452175E+11	1.834269288367E+13	2.034600082252E+12
22	11	−1, 1	8.803001595765E+11	7.511559506084E+13	8.392725339291E+12
23	11, 12	9, −9	3.442401423670E+12	3.074668289544E+14	3.461999202458E+13
24	12	−1, 1	1.346366975804E+13	1.256562159377E+15	1.428074671014E+14
25	12, 13	9, −9	5.275054021131E+13	5.133491498735E+15	5.890808017932E+14
26	13	−1, 1	2.066891594816E+14	2.094383502820E+16	2.429958307397E+15
27	13, 14	9, −9	8.111158695398E+14	8.542330468765E+16	1.002357801801E+16
28	14	−1, 1	3.183064522796E+15	3.480055227070E+17	4.134725932430E+16
29	14, 15	9, −9	1.250864379851E+16	1.417423913789E+18	1.705574447127E+17
30	15	−1, 1	4.915316675233E+16	5.767167517751E+18	7.035494594400E+17
31	15, 16	9, −9	1.933902711374E+17	2.346124862324E+19	2.902141520190E+18
32	16	−1, 1	7.608158683394E+17	9.535359536375E+19	1.197133377078E+19

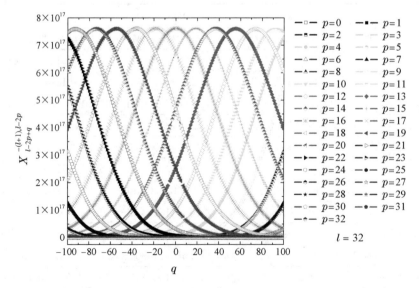

图 4.1　不同 p 和 q 的 Hansen 系数 $X_{l-2p+q}^{-(l+1),l-2p}$ 的变化（$l=32, e=0.75$）

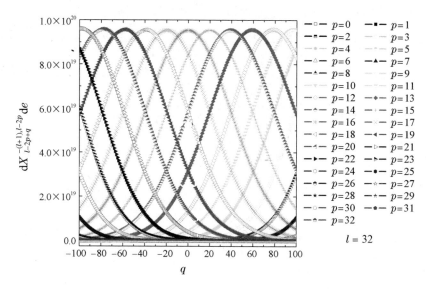

图 4.2　不同 p 和 q 的 Hansen 系数导数 $\mathrm{d}X_{l-2p+q}^{-(l+1),l-2p}/\mathrm{d}e$ 的变化($l=32, e=0.75$)

4.5.3　求和限的选择

1. 指标 l 求和上限的选择

地球引力场摄动函数为[8,9]

$$R = \sum_{lmpq} \frac{\mu R_{\mathrm{E}}^{l}}{a^{l+1}} J_{lm} \overline{F}_{lmp}(I) X_{l-2p+q}^{-(l+1),l-2p}(e)\cos(\psi + \lambda_{lm})$$

其中,l、m、p 和 q 是地球引力场摄动函数展开涉及的四个指标,μ 是地心引力常数,R_{E} 是地球赤道半径,$J_{lm} = (\overline{C}_{lm}^{2} + \overline{S}_{lm}^{2})^{1/2}$,$\overline{C}_{lm}$ 和 $\overline{S}_{lm}$ 是正规化的地球引力场系数,$\psi = (l-2p)\omega + (l-2p+q)M + m(\Omega - \theta)$,$a$、$e$、$I$、$\Omega$、$\omega$ 和 M 是卫星的开普勒根数,θ 是格林尼治恒星时,$\lambda_{lm} = (l-m)\pi/2 - \arctan(\overline{S}_{lm}/\overline{C}_{lm})$,$\overline{F}_{lmp}(I)$ 是正规化倾角函数[7],$X_{l-2p+q}^{-(l+1),l-2p}(e)$ 是 Hansen 系数。这里,Hansen 系数 $X_{l-2p+q}^{-(l+1),l-2p}(e)$ 常记作 G_{lpq},并称之为偏心率函数[10]。

将地球引力场摄动函数代入摄动运动方程,并进行积分计算,可以看出卫星轨道根数 a、e、I 和 Ω 的摄动解中含有 Hansen 系数或偏心率函数 G_{lpq},而不含 Hansen 系数或偏心率函数的导数 G'_{lpq};然而,ω 和 M 两个轨道根数的摄动解中含有 Hansen 系数或偏心率函数的导数 G'_{lpq}[9-12]。下文中通过简单分析地球引力场田谐摄动短周期项引起的卫星空间位置变化的最大项，来判别选取较为合适的指标 l 的求和上限。地球引力场田谐摄动短周期项的摄动解中，数量级最大的项经推导有

$$\Delta \omega = \frac{\sqrt{1-e^2}}{e} \sum_{lmpq} \frac{R_E^l}{a^l} J_{lm} \overline{F}_{lmp}(I) \frac{G'_{lpq}}{l-2p+q} \sin(\psi + \lambda_{lm}) \qquad (4.55)$$

$$\Delta M = -\frac{1-e^2}{e} \sum_{lmpq} \frac{R_E^l}{a^l} J_{lm} \overline{F}_{lmp}(I) \frac{G'_{lpq}}{l-2p+q} \sin(\psi + \lambda_{lm}) \qquad (4.56)$$

由此引起的卫星空间位置的变化 $\Delta \vec{r}$ 为[9]

$$\Delta \vec{r} = \frac{\dot{\vec{r}}}{n} \Delta M + (\vec{R} \times \vec{r}) \Delta \omega = \left[(\vec{R} \times \vec{r}) - \sqrt{1-e^2} \frac{\dot{\vec{r}}}{n} \right] \Delta \omega \qquad (4.57)$$

其中，$\vec{r}$ 和 $\dfrac{\dot{\vec{r}}}{n}$ 是卫星的位置和速度矢量，n 为平运动角速度，$\vec{R}$ 是轨道面法线方向的单位向量。

$\Delta \vec{r}$ 在 $\dfrac{\vec{r}}{r}$ 方向（径向，$r = |\vec{r}|$）的投影为

$$\Delta r = \frac{ae}{\sqrt{1-e^2}} \sin f \Delta M = -\sqrt{1-e^2} \sum_{lmpq} \frac{R_E^l}{a^{l-1}} J_{lm} \overline{F}_{lmp}(I) \frac{G'_{lpq}}{l-2p+q} \sin f \sin(\psi + \lambda_{lm})$$

$$(4.58)$$

$\Delta \vec{r}$ 在 $\vec{T}$ 方向（横向）的投影为

$$\Delta \vec{r} \cdot \vec{T} = r \left[1 - \frac{a^2(1-e^2)}{r^2} \right] \Delta \omega \approx -2ae \cos f \Delta \omega$$

$$= -2\sqrt{1-e^2} \sum_{lmpq} \frac{R_E^l}{a^{l-1}} J_{lm} \overline{F}_{lmp}(I) \frac{G'_{lpq}}{l-2p+q} \cos f \sin(\psi + \lambda_{lm}) \qquad (4.59)$$

比较这两项，沿迹项（横向）的数量级较大。

假定倾角函数为 1，轨道偏心率 $e = 0.75$，轨道半长径 $a = 4.125$，$J_{lm} = 10^{-6}/l$，Hansen 系数或偏心率函数的导数和 a^{l-1} 值用表 4.6 中的数值，根据式 (4.59)，保留摄动量级大于 1 m 的地球引力场田谐摄动短周期项，则 l 的求和上限 N 选取为 $N = 32$，是比较合适的。如果希望 l 的求和上限 N 小一些，就不能保证摄动计算精度为 1 m 了；如果选取 $N = 18$，摄动计算精度约为 2 m。

应该指出的是：实际计算时，需要严格计算倾角函数，对每一个 J_{lm}（使用实际数值）进行判别。

2. 指标 p 与 q 求和上限的选择

地球引力场田谐摄动短周期项（$m \neq 0$，$k = l - 2p + q \neq 0$）的大小与

$|G'_{lpq}/k|$ 成正比。图 4.3 给出了 $|G'_{lpq}/k|$ 随指标 q 的变化($l=32$),这与 Hansen 系数导数的变化(图 4.2)完全不同。因此,在地球引力场田谐摄动短周期项 $\Delta\sigma$ 计算中,指标 p 与 q 的求和范围即可选择为

$$\Delta\sigma = \sum_{l=2}^{32} \sum_{p=0}^{l} \sum_{q=-20}^{20} \Delta\sigma_{lpq} \tag{4.60}$$

由于摄动量在重点 p 附近较大,因此,式(4.60)可改写成

$$\Delta\sigma = \sum_{l=2}^{32} \sum_{p=重点p-\Delta p}^{重点p+\Delta p} \sum_{q=-20}^{20} \Delta\sigma_{lpq} \tag{4.61}$$

经分析,Δp 可以取为 3 或 4。当然,在 $l=2,3$ 时,p 的求和范围仍然是 $0\sim l$。

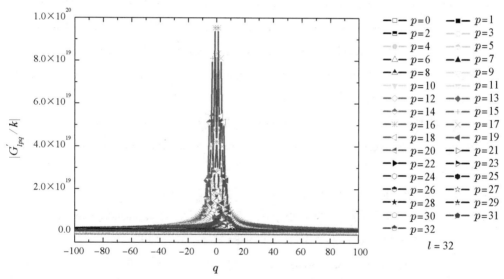

图 4.3　$|G'_{lpq}/k^*|$ 随指标 q 的变化图($l=32$,$p=0\sim32$,$e=0.75$,$a=4.125$)

应该说明的是:上述求和范围仅是我们对重点 Hansen 系数的分析结果,作者没有具体实践,希望读者在使用时进一步完善。

4.5.4　重点 Hansen 系数计算是稳定的

计算大偏心率轨道的摄动,求和范围确定了,还有最后的问题,即 Hansen 系数是否可以精确计算。

由于在指标 $l\leqslant32$ 时,重点 Hansen 系数的数量级较小,损失有效数字很少。因此,重点 Hansen 系数双精度计算结果是稳定的,而且各种 Hansen 系数计算方法均是

稳定的。于是,与大偏心率轨道摄动计算有关的 Hansen 系数的计算问题就基本解决了。

参考文献

［1］Giacaglia，G. E. O. A note on Hansen's coefficients in satellite theory. Celestial Mechanics，1976，14(4)：515 – 523.

［2］McClain，W. D. A Recursively Formulated First-Order Semianalytic Artificial Satellite Theory Based on the Generalized Method of Averaging. Volume II. The Explicit Development of the First-Order Averaged Equations of Motion for the Nonspherical Gravitational and Nonresonant Third-Body Perturbations. NASA CR – 156783，1978.

［3］Vakhidov，A. A. Some recurrence relations between Hansen coefficients. Celestial Mechanics and Dynamical Astronomy，2001，81(3)：177 – 190.

［4］吴连大,张明江.两个新的 Hansen 系数的递推公式.天文学报,2021,62(4):34.

［5］Wnuk，E. Highly eccentric satellite orbits. Advances in Space Research，1997，19(11)：1735 – 1740.

［6］吴连大,张明江.Hansen 系数递推的效率.天文学报,2021,62(5):55.

［7］Proulx，R. J.，McClain，W. D. Series representations and rational approximations for Hansen coefficients. Journal of Guidance，1988，11(4)：313 – 319.

［8］Gaposchkin，E. M. 1973 Smithsonian Standard Earth (III). SAO Special Report No. 353，Smithsonian Astrophysical Observatory，Cambridge，Massachusetts，1973.

［9］吴连大.人造卫星与空间碎片的轨道和探测.北京:中国科学技术出版社,2011.

［10］Kaula W. M. Theory of Satellite Geodesy：Applications of Satellites to Geodesy. Blaisdell Publishing Company，1966.

［11］刘林,汤靖师.卫星轨道理论与应用.北京:电子工业出版社,2015.

［12］刘林.航天器轨道理论.北京:国防工业出版社,2000.

第 5 章　Hansen 系数的其他计算方法

5.1　调和分析方法

Sharaf 和 Selim 提出了 Hansen 系数计算的调和分析方法[1]。下面先介绍调和分析的原理。

假定 $f(x)$ 是区间 $[a,b]$ 上的一个函数，它可以近似表达为[2]

$$f(x) = \frac{1}{2}A_0 + \sum_{j=1}^{N}\left[A_j\cos\left(\frac{2\pi jx}{b-a}\right) + B_j\sin\left(\frac{2\pi jx}{b-a}\right)\right] \tag{5.1}$$

其中，$A_j(j=0,1,\cdots,N)$ 和 $B_j(j=1,2,\cdots,N)$ 为 Fourier 分析系数，它们可以通过 $2N+1$ 个函数值 $f_n = f(x_n)$ 求得，$x_n = (b-a)n/(2N+1)$，$n = 0,1,\cdots,2N$。

众所周知，Fourier 分析系数 A_j 和 B_j 可用下式计算

$$A_j = \frac{2}{2N+1}\sum_{n=0}^{2N}f_n\cos\left(\frac{2\pi nj}{2N+1}\right)$$

$$B_j = \frac{2}{2N+1}\sum_{n=0}^{2N}f_n\sin\left(\frac{2\pi nj}{2N+1}\right) \tag{5.2}$$

这里介绍一种计算量较小的计算方法：

$$U_{2N+2,j} = U_{2N+1,j} = 0$$

$$U_{n,j} = f_n + 2\cos\left(\frac{2\pi j}{2N+1}\right)U_{n+1,j} - U_{n+2,j} \quad (n=2N,2N-1,\cdots,1) \tag{5.3}$$

而 A_j 和 B_j 为

$$A_j = \frac{2}{2N+1}\left[f_0 + U_{1,j}\cos\left(\frac{2\pi j}{2N+1}\right) - U_{2,j}\right]$$

$$B_j = \frac{2}{2N+1}U_{1,j}\sin\left(\frac{2\pi j}{2N+1}\right) \tag{5.4}$$

求出 A_j 和 B_j 之后,由式(5.1)即可得到函数 $f(x)$ 的三角多项式,它是 $f(x)$ 的一个逼近式。

调和分析计算 Hansen 系数的方法如下:

对函数 $(r/a)^n \cos mf$ 和 $(r/a)^n \sin mf$ 分别进行调和分析,得到相应的 Fourier 分析系数 $A_j^{(c)}$ 和 $B_j^{(c)}$、$A_j^{(s)}$ 和 $B_j^{(s)}$。由于函数 $(r/a)^n \cos mf$ 和 $(r/a)^n \sin mf$ 的奇偶特性,有 $B_j^{(c)} = 0$,$A_j^{(s)} = 0$,即可得到下列表达式

$$\left(\frac{r}{a}\right)^n \cos mf = \frac{1}{2} A_0^{(c)} + \sum_{j=1}^{\infty} A_j^{(c)} \cos jM \tag{5.5}$$

$$\left(\frac{r}{a}\right)^n \sin mf = \sum_{j=1}^{\infty} B_j^{(s)} \sin jM \tag{5.6}$$

于是,根据式(1.9)~(1.11),有

$$X_0^{n,m} = \frac{A_0^{(c)}}{2}$$

$$X_j^{n,m} = \frac{A_j^{(c)} + B_j^{(s)}}{2} \tag{5.7}$$

$$X_{-j}^{n,m} = \frac{A_j^{(c)} - B_j^{(s)}}{2}, \quad (j = 1, 2, \cdots, N)$$

该方法的原理非常简单,从平近点角 M 计算函数 $(r/a)^n \cos mf$ 和 $(r/a)^n \sin mf$ 也比较简单,计算量也很小,因此该方法是成功的。该方法需要给定调和分析的 N,Sharaf 和 Selim[1] 选择 N,是通过试验得到的。显然,N 与偏心率 e 的大小、要计算的 Hansen 系数 $X_j^{n,m}$ 的指标 j 有关。一般说来,e 愈大,N 愈大。对于 $e \leqslant 0.1$,可以选择 $N = 20$;对于大偏心率,N 可能需要到 100。表 5.1 给出了一个在大偏心率的情况下 Hansen 系数的调和分析方法计算的算例。

表 5.1 Hansen 系数调和分析方法计算的算例

($e = 0.786, n = 8, m = 4$)

n	m	j	$A_j^{(c)}$	$B_j^{(s)}$	$X_j^{n,m}$	$X_{-j}^{n,m}$
8	4	0	56.8135826252905	0.0000000000000	28.4067913126453	28.4067913126453
8	4	1	-47.0631379295400	-25.6930380703344	-36.3780879999372	-10.6850499296028
8	4	2	23.9162065946344	21.1464080624723	22.5313073285533	1.3848992660810
8	4	3	-4.7040536019876	-4.8420348582502	-4.7730442301189	0.0689906281313

（续表）

n	m	j	$A_j^{(c)}$	$B_j^{(s)}$	$X_j^{n,m}$	$X_{-j}^{n,m}$
8	4	4	-0.6054642529848	-0.6192405815557	-0.6123524172703	0.0068881642855
8	4	5	-0.0262285201957	-0.0283248489909	-0.0272766845933	0.0010481643976
8	4	6	0.0293642636330	0.0289444711152	0.0291543673741	0.0002098962589
8	4	7	0.0217702734691	0.0216686121556	0.0217194428124	0.0000508306568
8	4	8	0.0121886747256	0.0121604544194	0.0121745645725	0.0000141101531
8	4	9	0.0063739605771	0.0063653088749	0.0063696347260	0.0000043258511
8	4	10	0.0032595654106	0.0032567184673	0.0032581419390	0.0000014234716
8	4	11	0.0016462169684	0.0016452362422	0.0016457266053	0.0000004903631
8	4	12	0.0008173967224	0.0008170522339	0.0008172244782	0.0000001722442
8	4	13	0.0003926830122	0.0003925639804	0.0003926234963	0.0000000595159
8	4	14	0.0001761427525	0.0001761049769	0.0001761238647	0.0000000188878
8	4	15	0.0000672269906	0.0000672181321	0.0000672225613	0.0000000044292
8	4	16	0.0000140574113	0.0000140581826	0.0000140577969	-0.0000000003856
8	4	17	-0.0000103329992	-0.0000103296388	-0.0000103313190	-0.0000000016802
8	4	18	-0.0000200483751	-0.0000200448646	-0.0000200466198	-0.0000000017553
8	4	19	-0.0000224846486	-0.0000224817097	-0.0000224831792	-0.0000000014695
8	4	20	-0.0000215082507	-0.0000215059905	-0.0000215071206	-0.0000000011301
8	4	21	-0.0000191169486	-0.0000191152787	-0.0000191161136	-0.0000000008350
8	4	22	-0.0000163168462	-0.0000163156375	-0.0000163162419	-0.0000000006044
8	4	23	-0.0000135894593	-0.0000135885933	-0.0000135890263	-0.0000000004330
8	4	24	-0.0000111418821	-0.0000111412646	-0.0000111415734	-0.0000000003087
8	4	25	-0.0000090410257	-0.0000090405860	-0.0000090408059	-0.0000000002199
8	4	26	-0.0000072854084	-0.0000072850950	-0.0000072852517	-0.0000000001567
8	4	27	-0.0000058431422	-0.0000058429185	-0.0000058430303	-0.0000000001119
8	4	28	-0.0000046715968	-0.0000046714367	-0.0000046715168	-0.0000000000800
8	4	29	-0.0000037271649	-0.0000037270498	-0.0000037271074	-0.0000000000576
8	4	30	-0.0000029697338	-0.0000029696511	-0.0000029696925	-0.0000000000413

n	m	j	$A_j^{(c)}$	$B_j^{(s)}$	$X_j^{n,m}$	$X_{-j}^{n,m}$
8	4	31	-0.0000023643859	-0.0000023643262	-0.0000023643561	-0.0000000000299
8	4	32	-0.0000018816956	-0.0000018816526	-0.0000018816741	-0.0000000000215
8	4	33	-0.0000014973712	-0.0000014973400	-0.0000014973556	-0.0000000000156
8	4	34	-0.0000011916275	-0.0000011916051	-0.0000011916163	-0.0000000000112
8	4	35	-0.0000009484988	-0.0000009484828	-0.0000009484908	-0.0000000000080
8	4	36	-0.0000007551808	-0.0000007551694	-0.0000007551751	-0.0000000000057
8	4	37	-0.0000006014489	-0.0000006014411	-0.0000006014450	-0.0000000000039
8	4	38	-0.0000004791622	-0.0000004791571	-0.0000004791596	-0.0000000000025
8	4	39	-0.0000003818505	-0.0000003818476	-0.0000003818490	-0.0000000000015
8	4	40	-0.0000003043780	-0.0000003043766	-0.0000003043773	-0.0000000000007
8	4	41	-0.0000002426696	-0.0000002426696	-0.0000002426696	0.0000000000000
8	4	42	-0.0000001934933	-0.0000001934945	-0.0000001934939	0.0000000000006
8	4	43	-0.0000001542851	-0.0000001542873	-0.0000001542862	0.0000000000011
8	4	44	-0.0000001230104	-0.0000001230135	-0.0000001230120	0.0000000000016
8	4	45	-0.0000000980539	-0.0000000980577	-0.0000000980558	0.0000000000019
8	4	46	-0.0000000781320	-0.0000000781369	-0.0000000781345	0.0000000000024
8	4	47	-0.0000000622252	-0.0000000622310	-0.0000000622281	0.0000000000029
8	4	48	-0.0000000495217	-0.0000000495282	-0.0000000495250	0.0000000000033
8	4	49	-0.0000000393755	-0.0000000393830	-0.0000000393793	0.0000000000038
8	4	50	-0.0000000312718	-0.0000000312806	-0.0000000312762	0.0000000000044
8	4	51	-0.0000000248007	-0.0000000248104	-0.0000000248056	0.0000000000049
8	4	52	-0.0000000196343	-0.0000000196455	-0.0000000196399	0.0000000000056
8	4	53	-0.0000000155115	-0.0000000155240	-0.0000000155178	0.0000000000063
8	4	54	-0.0000000122231	-0.0000000122373	-0.0000000122302	0.0000000000071
8	4	55	-0.0000000096028	-0.0000000096186	-0.0000000096107	0.0000000000079
8	4	56	-0.0000000075162	-0.0000000075340	-0.0000000075251	0.0000000000089
8	4	57	-0.0000000058567	-0.0000000058769	-0.0000000058668	0.0000000000101

（续表）

n	m	j	$A_j^{(c)}$	$B_j^{(s)}$	$X_j^{n,m}$	$X_{-j}^{n,m}$
8	4	58	-0.0000000045389	-0.0000000045617	-0.0000000045503	0.0000000000114
8	4	59	-0.0000000034945	-0.0000000035199	-0.0000000035072	0.0000000000127
8	4	60	-0.0000000026677	-0.0000000026963	-0.0000000026820	0.0000000000143
8	4	61	-0.0000000020155	-0.0000000020476	-0.0000000020316	0.0000000000160
8	4	62	-0.0000000015023	-0.0000000015379	-0.0000000015201	0.0000000000178
8	4	63	-0.0000000010991	-0.0000000011393	-0.0000000011192	0.0000000000201
8	4	64	-0.0000000007845	-0.0000000008293	-0.0000000008069	0.0000000000224
8	4	65	-0.0000000005397	-0.0000000005894	-0.0000000005645	0.0000000000248
8	4	66	-0.0000000003498	-0.0000000004056	-0.0000000003777	0.0000000000279
8	4	67	-0.0000000002041	-0.0000000002660	-0.0000000002350	0.0000000000310
8	4	68	-0.0000000000925	-0.0000000001615	-0.0000000001270	0.0000000000345
8	4	69	-0.0000000000081	-0.0000000000846	-0.0000000000463	0.0000000000382
8	4	70	0.0000000000556	-0.0000000000294	0.0000000000131	0.0000000000425
8	4	71	0.0000000001027	0.0000000000085	0.0000000000556	0.0000000000471
8	4	72	0.0000000001372	0.0000000000333	0.0000000000853	0.0000000000520
8	4	73	0.0000000001625	0.0000000000478	0.0000000001051	0.0000000000574
8	4	74	0.0000000001803	0.0000000000539	0.0000000001171	0.0000000000632
8	4	75	0.0000000001926	0.0000000000541	0.0000000001234	0.0000000000692
8	4	76	0.0000000002008	0.0000000000498	0.0000000001253	0.0000000000755
8	4	77	0.0000000002068	0.0000000000419	0.0000000001243	0.0000000000824
8	4	78	0.0000000002100	0.0000000000315	0.0000000001208	0.0000000000892
8	4	79	0.0000000002123	0.0000000000195	0.0000000001159	0.0000000000964
8	4	80	0.0000000002131	0.0000000000066	0.0000000001099	0.0000000001033

对于表 5.1 中的算例,计算时 N 选为 80。表 5.2 给出了调和分析方法与直接计算方法计算得到的部分 Hansen 系数的比较。从表 5.2 可见,两种方法的计算结果的差别为 10^{-13},因此调和分析方法的精度是比较好的。当然,Hansen 系数的数量级愈小,相对误差会愈大一些,这是纯数学方法的通病,对摄动计算没有影响。

表 5.2　调和分析方法与直接计算方法计算得到的 Hansen 系数的比较

n	m	j	直接计算方法式(3.39)计算		调和分析方法计算	
			$X_j^{n,m}$	$X_{-j}^{n,m}$	$X_j^{n,m}$	$X_{-j}^{n,m}$
8	4	0	28.4067913126452	28.4067913126452	28.4067913126453	28.4067913126453
8	4	1	-36.3780879999372	-10.6850499296028	-36.3780879999372	-10.6850499296028
8	4	2	22.5313073285533	1.3848992660810	22.5313073285533	1.3848992660810
8	4	3	-4.7730442301190	0.0689906281313	-4.7730442301189	0.0689906281313
8	4	4	-0.6123524172703	0.0068881642854	-0.6123524172703	0.0068881642855
8	4	5	-0.0272766845933	0.0010481643976	-0.0272766845933	0.0010481643976
8	4	6	0.0291543673741	0.0002098962589	0.0291543673741	0.0002098962589
8	4	7	0.0217194428124	0.0000508306567	0.0217194428124	0.0000508306568
8	4	8	0.0121745645725	0.0000141101531	0.0121745645725	0.0000141101531
8	4	9	0.0063696347260	0.0000043258511	0.0063696347260	0.0000043258511
8	4	10	0.0032581419390	0.0000014234716	0.0032581419390	0.0000014234716
8	4	11	0.0016457266053	0.0000004903630	0.0016457266053	0.0000004903631
8	4	12	0.0008172244782	0.0000001722442	0.0008172244782	0.0000001722442
8	4	13	0.0003926234963	0.0000000595158	0.0003926234963	0.0000000595159
8	4	14	0.0001761238647	0.0000000188878	0.0001761238647	0.0000000188878
8	4	15	0.0000672225613	0.0000000044292	0.0000672225613	0.0000000044292
8	4	16	0.0000140577970	-0.0000000003857	0.0000140577969	-0.0000000003856
8	4	17	-0.0000103313190	-0.0000000016803	-0.0000103313190	-0.0000000016802
8	4	18	-0.0000200466199	-0.0000000017554	-0.0000200466198	-0.0000000017553
8	4	19	-0.0000224831792	-0.0000000014696	-0.0000224831792	-0.0000000014695
8	4	20	-0.0000215071206	-0.0000000011303	-0.0000215071206	-0.0000000011301
8	4	21	-0.0000191161136	-0.0000000008351	-0.0000191161136	-0.0000000008350
8	4	22	-0.0000163162419	-0.0000000006045	-0.0000163162419	-0.0000000006044
8	4	23	-0.0000135890263	-0.0000000004331	-0.0000135890263	-0.0000000004330
8	4	24	-0.0000111415733	-0.0000000003089	-0.0000111415734	-0.0000000003087
8	4	25	-0.0000090408059	-0.0000000002201	-0.0000090408059	-0.0000000002199

（续表）

n	m	j	直接计算方法式(3.39)计算		调和分析方法计算	
			$X_j^{n,m}$	$X_{-j}^{n,m}$	$X_j^{n,m}$	$X_{-j}^{n,m}$
8	4	26	-0.0000072852517	-0.0000000001569	-0.0000072852517	-0.0000000001567
8	4	27	-0.0000058430303	-0.0000000001122	-0.0000058430303	-0.0000000001119
8	4	28	-0.0000046715168	-0.0000000000804	-0.0000046715168	-0.0000000000800

　　但是,对于大偏心率高阶情况下的 Hansen 系数,调和分析方法计算仍有问题。表 5.3 给出了与表 3.5 同样算例的调和分析方法计算结果,只是将指标 q 的范围大大扩展了。为了便于进行计算结果比对,表 5.3 中还同时给出了式(3.17)的计算结果。从表 5.3 可见:在 $-6 \leqslant q \leqslant 74$ 时,两种方法的计算结果符合得还可以;但对于指标 q 的两端,显然调和分析方法的计算结果严重发散,调和分析方法的计算结果数量级偏大了许多,这将会影响摄动计算的结果。当然,本算例已经超出了摄动计算所需求的指标范围,但这也说明调和分析方法也有稳定性问题,如果要使用这种方法必须非常慎重。

　　调和分析方法的优点是:可以只计算摄动计算所需的 Hansen 系数,而且可将所有指标 q 的 Hansen 系数一次性地计算出来。调和分析方法的缺点是:不能计算无奇点摄动理论所需的 Hansen 系数的核,Hansen 系数导数的调和分析方法计算也还需进一步研究。

表 5.3　大偏心率高阶情况下的算例($e = 0.6$)

l	p	q	调和分析方法计算	式(3.17)计算
30	2	-186	$2.268466167450\mathrm{E}+02$	$3.130302325149\mathrm{E}-47$
30	2	-176	$3.432091712952\mathrm{E}+01$	$-9.402087632993\mathrm{E}-43$
30	2	-166	$4.983093261719\mathrm{E}+00$	$1.480147133286\mathrm{E}-38$
30	2	-156	$6.966361999512\mathrm{E}-01$	$-1.110866463879\mathrm{E}-33$
30	2	-146	$9.328079223633\mathrm{E}-02$	$2.265103007414\mathrm{E}-28$
30	2	-136	$1.224517822266\mathrm{E}-02$	$2.392533616964\mathrm{E}-24$
30	2	-126	$1.613616943359\mathrm{E}-03$	$5.451479761208\mathrm{E}-21$
30	2	-116	$1.111626625061\mathrm{E}-04$	$3.428238507259\mathrm{E}-18$
30	2	-106	$7.376074790955\mathrm{E}-05$	$6.247551121997\mathrm{E}-16$

l	p	q	调和分析方法计算	式(3.17)计算
30	2	-96	$5.383789539337\mathrm{E}-05$	$3.559020535456\mathrm{E}-14$
30	2	-86	$5.576205148827\mathrm{E}-04$	$8.984190535882\mathrm{E}-13$
30	2	-76	$2.038657257799\mathrm{E}-04$	$1.775501402688\mathrm{E}-11$
30	2	-66	$6.383087089148\mathrm{E}-04$	$3.456231620913\mathrm{E}-10$
30	2	-56	$4.687666082059\mathrm{E}-04$	$6.725445195169\mathrm{E}-09$
30	2	-46	$2.682225233844\mathrm{E}-04$	$1.308274274529\mathrm{E}-07$
30	2	-36	$6.117355796485\mathrm{E}-05$	$2.544081301439\mathrm{E}-06$
30	2	-26	$-6.089675453515\mathrm{E}-06$	$4.945521622123\mathrm{E}-05$
30	2	-16	$9.015487705499\mathrm{E}-04$	$9.610469516074\mathrm{E}-04$
30	2	-6	$2.826079976261\mathrm{E}-02$	$2.825215025931\mathrm{E}-02$
30	2	4	$-7.368408341527\mathrm{E}+00$	$-7.368422870064\mathrm{E}+00$
30	2	14	$-8.444944467696\mathrm{E}+02$	$-8.444945803511\mathrm{E}+02$
30	2	24	$3.703967948391\mathrm{E}+04$	$3.703967879355\mathrm{E}+04$
30	2	34	$-3.111009206984\mathrm{E}+05$	$-3.111009204075\mathrm{E}+05$
30	2	44	$7.385191162567\mathrm{E}+06$	$7.385191158502\mathrm{E}+06$
30	2	54	$-1.657042173391\mathrm{E}+08$	$-1.657042173349\mathrm{E}+08$
30	2	64	$9.097157363313\mathrm{E}+08$	$9.097157363731\mathrm{E}+08$
30	2	74	$1.036022271288\mathrm{E}+10$	$1.036019351604\mathrm{E}+10$
30	2	84	$3.054074274299\mathrm{E}+10$	$3.029021053709\mathrm{E}+10$
30	2	94	$4.816560275550\mathrm{E}+10$	$2.749158799765\mathrm{E}+10$
30	2	104	$4.989883893148\mathrm{E}+10$	$-5.315134646163\mathrm{E}+09$
30	2	114	$3.772795010027\mathrm{E}+10$	$2.592112239776\mathrm{E}+08$
30	2	124	$2.223235091628\mathrm{E}+10$	$-7.591437198446\mathrm{E}+06$
30	2	134	$1.068327297603\mathrm{E}+10$	$8.155769913265\mathrm{E}+04$
30	2	144	$4.326959508444\mathrm{E}+09$	$-1.188980024924\mathrm{E}+02$
30	2	154	$1.514795256822\mathrm{E}+09$	$-9.691678518646\mathrm{E}-01$
30	2	164	$4.675082790336\mathrm{E}+08$	$1.264692638151\mathrm{E}-03$

（续表）

l	p	q	调和分析方法计算	式(3.17)计算
30	2	174	1.292301136263E+08	2.219407647324E-06
30	2	184	3.241098116409E+07	-8.633146180139E-10
30	2	194	7.454694926142E+06	-1.687662323724E-12

5.2　Taylor 级数展开法

任何函数 $f(x)$ 均可利用 Taylor 级数展开：

$$f(x) = \sum_{n=0}^{\infty} \frac{f^{(n)}(a)}{n!}(x-a)^n \tag{5.8}$$

其中，$f^{(n)}(\cdot)$ 是函数 $f(\cdot)$ 的 n 阶导数。当然，Hansen 系数也可利用 Tayler 级数在偏心率 e^* 附近展开计算：

$$X_k^{n,m}(e) = \sum_{l=0}^{\infty} \frac{(e-e^*)^l}{l!} \frac{\mathrm{d}^l}{\mathrm{d}e^l} X_k^{n,m}(e)\big|_{e=e^*} \tag{5.9}$$

这里，关键是如何求出导数 $\dfrac{\mathrm{d}^l}{\mathrm{d}e^l}X_k^{n,m}(e)$。de Moraes 和 Wnuk 给出了如下计算方法[3]。

利用 Giacaglia 表达式[4]

$$X_k^{n,m} = \sum_{s=0}^{s_1}\sum_{j=-s}^{j_1} \binom{n-m+1}{s}\binom{n+m+1}{s+j} f_{n,s,j}(\beta) \mathrm{J}_{k-m+j}(ke) \tag{5.10}$$

其中，

$$f_{n,s,j}(\beta) = (1+\beta^2)^{-n-1}(-\beta)^j \beta^{2s}$$

$$\beta = \frac{e}{1+\sqrt{1-e^2}}$$

$$s_1 = \begin{cases} n-m+1 & (n-m+1 \geqslant 0) \\ \infty & (n-m+1 < 0) \end{cases}$$

$$j_1 = \begin{cases} n+m+1-s & (n+m+1 \geqslant 0) \\ \infty & (n+m+1 < 0) \end{cases}$$

根据文献[5]中的相关公式，$f_{n,s,j}(\beta)$ 可以表达为

$$f_{n,s,j}(\beta) = \sum_{i=0}^{\infty} \left[2 \begin{pmatrix} -n + 2i - 2 + j + 2s \\ i \end{pmatrix} - \begin{pmatrix} -n + 2i - 1 + j + 2s \\ i \end{pmatrix} \right] (-1)^j \left(\frac{e}{2} \right)^{2i+j+2s}$$

$$(5.11)$$

导数可由下式计算：

$$\frac{\mathrm{d}^l}{\mathrm{d}e^l} X_k^{n,m}(e) = \sum_{s=0}^{s_1} \sum_{j=-s}^{j_1} \begin{pmatrix} n-m+1 \\ s \end{pmatrix} \begin{pmatrix} n+m+1 \\ s+j \end{pmatrix} \left[\sum_{r=0}^{l} \begin{pmatrix} l \\ r \end{pmatrix} \frac{\mathrm{d}^r}{\mathrm{d}e^r} f_{n,s,j}(\beta) \frac{\mathrm{d}^{l-r}}{\mathrm{d}e^{l-r}} \mathrm{J}_{k-m+j}(ke) \right]$$

$$(5.12)$$

$f_{n,s,j}(\beta)$ 的导数可由式(5.11)直接求导，而 Bessel 函数的导数可表达为

$$\frac{\mathrm{d}^t}{\mathrm{d}e^t} \mathrm{J}_l(x) = \frac{1}{2^t} \sum_{r=0}^{t} (-1)^r \begin{pmatrix} t \\ r \end{pmatrix} \mathrm{J}_{l-t+2r}(x)$$

$$(5.13)$$

选定 e^*，给定式(5.9)、(5.11)和(5.12)的求和上限，即可由式(5.9)计算出 Hansen 系数。

计算导数 $\frac{\mathrm{d}^l}{\mathrm{d}e^l} X_k^{n,m}(e)$，还有一种选择，利用式(3.10)，亦即

$$X_{m+s}^{n,m}$$

$$= \left(-\frac{e}{2} \right)^s \sum_{t=0}^{\infty} \left(\frac{e}{2} \right)^{2t} \left[\sum_{j=0}^{t} \sum_{p=0}^{j} \begin{pmatrix} n+m+1 \\ j-p \end{pmatrix} X_p \sum_{q=0}^{s+j} \begin{pmatrix} n-m+1 \\ s+j-q \end{pmatrix} X_q \left[\begin{pmatrix} k \\ t-j \end{pmatrix} - \begin{pmatrix} k \\ t-j-1 \end{pmatrix} \right] \right]$$

$$(5.14)$$

对式(5.14)直接求导，即可得到 $\frac{\mathrm{d}^l}{\mathrm{d}e^l} X_k^{n,m}(e)$。当然，需要注意指标 s 的符号。

但是，上述这些公式似乎非常复杂，利用式(5.14)求导，Hansen 系数计算需要 5 重求和；利用式(5.12)求导，Hansen 系数计算需要 6 重求和。de Moraes 和 Wnuk 利用式(5.12)，计算了卫星轨道的 70×70 阶摄动，并对 $e = 0.723$ 的大偏心率轨道卫星进行试验，得到了较好的结果[3]。但是，利用式(5.14)求导，是否会出现不稳定的问题，尚不清楚。

Vakhidov 利用 Taylor 级数计算 Hansen 系数，其计算公式为[6]

$$X_s^{n,m}(e) = \sum_{k=0}^{N} A_k (e - e_0)^k$$

$$(5.15)$$

Vakhidov 先通过计算机代数，推导出 A_k 的表达式，再对每一个 n、m、s 和 e_0，计算出 A_k 的数值。Vakhidov 发现[6]，对于 $e_0 \neq 0$，系数 A_k 的推导很复杂，需要大量的计算机资源，包括计算机内存和计算时间，仅在 $N \leq 15$ 的情况下才能比较容易地得

到式(5.9)的展开系数。因此,Vakhidov 推荐使用 $e_0 = 0$ 的 Tayler 级数,计算小偏心率的 Hansen 系数。这时,对于 $e < 0.1$,需要展开到 $N = 20$;对于 $e < 0.4$,需要展开到 $N = 50$,计算精度约有 12 位有效数字[6]。

在建立上述 Hansen 系数 Taylor 级数展开计算方法的过程中,da Silva Fernandes 起了很大的作用,他证明了式(5.9)的收敛范围与 Kepler 方程的收敛范围相同[7],其具体的收敛半径如表 5.4 所示。当然,这里的收敛半径是指 $N = \infty$ 的级数收敛。然而,我们不可能计算到 $N = \infty$。因此,收敛半径不等于可用半径,可用半径可能比收敛半径要小得多。例如,Vakhidov[6] 在 $e_0 = 0$、$N = 50$ 时,也仅用于 $e < 0.4$,这比 0.662 743 要小得多。

表 5.4　式(5.9)的收敛半径[7]

e^*	收敛半径	e^*	收敛半径
0	0.662 743	0.55	0.371 375
0.05	0.658 512	0.60	0.332 554
0.10	0.646 480	0.65	0.292 938
0.15	0.628 099	0.70	0.252 628
0.20	0.604 830	0.75	0.211 707
0.25	0.577 822	0.80	0.170 243
0.30	0.547 916	0.85	0.128 294
0.35	0.515 719	0.90	0.085 910
0.40	0.481 673	0.95	0.043 134
0.45	0.446 109	1.00	0
0.50	0.409 278		

为了具体计算导数 $\frac{d^l}{de^l} X_k^{n,m}(e)$,还要进一步给出式(5.12)中 $\frac{d^r}{de^r} f_{n,s,j}(\beta)$ 和 $\frac{d^{l-r}}{de^{l-r}} J_{k-m+j}(ke)$ 的表达式。根据式(5.13),有

$$\frac{d^{l-r}}{de^{l-r}} J_{k-m+j}(ke) = \left(\frac{k}{2}\right)^{l-r} \sum_{i=0}^{l-r} (-1)^i \begin{Bmatrix} l-r \\ i \end{Bmatrix} J_{k-m+j-l+r+2i}(ke) \quad (5.16)$$

将式(5.11)表达为

$$f_{n,s,j}(\beta) = \sum_{i=0}^{\infty} A_{nsji} e^{2i+j+2s} \tag{5.17}$$

其中,

$$A_{nsji} = \frac{(-1)^j}{2^{2i+j+2s}}\left[2\begin{pmatrix} -n+2i-2+j+2s \\ i \end{pmatrix} - \begin{pmatrix} -n+2i-1+j+2s \\ i \end{pmatrix}\right] \tag{5.18}$$

因此,

$$\frac{\mathrm{d}^r}{\mathrm{d}e^r}f_{n,s,j}(\beta) = \sum_{i=0}^{\infty} A_{nsji}(2i+j+2s-r+1)_r e^{2i+j+2s-r} \tag{5.19}$$

同样,如果利用式(3.10)求导,可将其表达为

$$X_{m+s}^{n,m} = \sum_{t=0}^{\infty} A_{st} e^{s+2t} \tag{5.20}$$

其中,

$$A_{st} = \begin{cases} (-1)^s \dfrac{1}{2^{s+2t}}\left\{\displaystyle\sum_{j=0}^{t}\sum_{p=0}^{j}\begin{pmatrix} n+m+1 \\ j-p \end{pmatrix}X_p\sum_{q=0}^{s+j}\begin{pmatrix} n-m+1 \\ s+j-q \end{pmatrix}X_q\left[\begin{pmatrix} k \\ t-j \end{pmatrix} - \begin{pmatrix} k \\ t-j-1 \end{pmatrix}\right]\right\} & (s \geqslant 0) \\[4mm] (-1)^{|s|} \dfrac{1}{2^{|s|+2t}}\left\{\displaystyle\sum_{j=0}^{t}\sum_{p=0}^{j}\begin{pmatrix} n-m+1 \\ j-p \end{pmatrix}X_p\sum_{q=0}^{|s|+j}\begin{pmatrix} n+m+1 \\ |s|+j-q \end{pmatrix}X_q\left[\begin{pmatrix} k \\ t-j \end{pmatrix} - \begin{pmatrix} k \\ t-j-1 \end{pmatrix}\right]\right\} & (s < 0) \end{cases}$$

$$k = 2t-n+|s|-p-q-2$$

$$X_p = \begin{cases} \dfrac{(m+s)^p}{p!} & (s \geqslant 0) \\[4mm] \dfrac{(-m+|s|)^p}{p!} & (s < 0) \end{cases}$$

$$X_q = \begin{cases} \dfrac{(m+s)^q}{q!}(-1)^q & (s \geqslant 0) \\[4mm] \dfrac{(-m+|s|)^q}{q!}(-1)^q & (s < 0) \end{cases}$$

对式(5.20)求导,有

$$\frac{\mathrm{d}^l}{\mathrm{d}e^l}X_{m+s}^{n,m} = \sum_{t=0}^{\infty} A_{st}(s+2t-l+1)_l e^{s+2t-l} \tag{5.21}$$

特别地,当 $e^* = 0$ 时,式(5.16)、(5.19)和(5.21)就变成

$$\frac{\mathrm{d}^{l-r}J_{k-m+j}(0)}{\mathrm{d}e^{l-r}} = \begin{cases} 0 & (l-r < m-k-j) \\ \left(\dfrac{k}{2}\right)^{l-r}(-1)^{(l-r+m-k-j)/2}\begin{pmatrix} l-r \\ \dfrac{l-r+m-k-j}{2} \end{pmatrix} & (l-r \geqslant m-k-j \text{ 且 } l-r \text{ 为偶数}) \\ 0 & (l-r \geqslant m-k-j \text{ 且 } l-r \text{ 为奇数}) \end{cases}$$

$$(5.22)$$

$$\frac{\mathrm{d}^r}{\mathrm{d}e^r}f_{n,s,j}(\beta) = \begin{cases} 0 & (r < j+2s) \\ A_{nsj,(r-j-2s)/2}\,r! & (r \geqslant j+2s \text{ 且 } r \text{ 为偶数}) \\ 0 & (r \geqslant j+2s \text{ 且 } r \text{ 为奇数}) \end{cases} \qquad (5.23)$$

$$\frac{\mathrm{d}^l}{\mathrm{d}e^l}X^{n,m}_{m+s} = \begin{cases} 0 & (l < s) \\ A_{sl}\,l! & (l \geqslant s \text{ 且 } l \text{ 为偶数}) \\ 0 & (l \geqslant s \text{ 且 } l \text{ 为奇数}) \end{cases} \qquad (5.24)$$

将式(5.24)代入式(5.9),我们就得到式(5.20),即式(3.10)。因此,利用 $e^* = 0$,我们没有得到新的表达式,这样 $e^* = 0$ 的 Taylor 展开就没有意义。似乎将式(5.22)和(5.23)代入式(5.12),再代入式(5.9),也有得不到新的表达式的嫌疑。于是,Vakhidov[6]的“用 $e_0 = 0$ 的 Taylor 级数计算小偏心率的 Hansen 系数”的建议,也就没有实际意义。

因此,使用 Taylor 展开方法,必须采用 $e^* \neq 0$ 的公式,这样计算公式就变得很复杂。由于我们还需要计算 Hansen 系数的导数,公式就会更复杂,计算时间会很长。由于已经有其他方法(例如基于 Hansen 系数 Hill 表达式的直接计算方法),可以计算高阶大偏心率的 Hansen 系数,因此从计算效率考虑,我们不推荐使用这种方法,尽管 Wnuk[8]认为这是轨道力学分析理论的一种进展。

5.3　内插计算和 Chebyshev 多项式逼近

为了节省计算时间,Vakhidov 研究了计算一个偏心率区间的 Hansen 系数的多项式近似表达式,包括前文所述的 Taylor 级数展开,以及内插计算和 Chebyshev 多项式逼近方法[6]。

由于 Vakhidov 研究的区间太长,因而他认为内插计算需要使用长字长的计算方法（Digits＝32），并认为 Lagrange 内插能对中等大小的偏心率有较好的精度，插值的阶数需要 15～20[6]。

对于 Chebyshev 多项式逼近方法，Vakhidov 认为逼近小区间不如逼近大区间，他利用 40～50 阶 Chebyshev 多项式，成功表示了 $0 < e < 0.9$ 区间的 Hansen 系数[6]。

显然，N 点内插和 N 阶多项式逼近需要利用直接计算方法计算 N 次 Hansen 系数（及其导数）。在一个 e 区间内表达 Hansen 系数，是为了应对在一次定轨中需要多次迭代计算 Hansen 系数，而迭代次数一般也不会超过 10 次。因此，N 大于 10 的内插方法或 Chebyshev 多项式逼近，均没有起到节省计算时间的目的。这样，最好选择 $N=2$；下面介绍一种 $N=2$ 的内插方法。

设已知函数 $f(x)$ 在两个节点 x_0 和 x_1 上的函数值 $f(x_0)$、$f(x_1)$ 以及导数值 $f'(x_0)$、$f'(x_1)$，则插值多项式可选为

$$Q(x) = \frac{x_1 - x}{x_1 - x_0}\left[f(x_0) + \frac{1}{2}(x - x_0)f'(x_0)\right] + \frac{x - x_0}{x_1 - x_0}\left[f(x_1) + \frac{1}{2}(x - x_1)f'(x_1)\right]$$

(5.25)

显然，当 $f(e) = X_k^{n,m}(e)$ 时，也可利用上式计算 Hansen 系数。我们作了试验，试验时先计算两组 Hansen 系数及其导数（对应于两个偏心率 e_0 和 e_1，这两个偏心率的差为 0.02）；然后，在 $[e_0, e_1]$ 区间内给定一些 $e_i = e_0 + 0.002i$，$i = 1, 2, \cdots, 9$，用直接计算方法计算 e_i 的 Hansen 系数，并与式(5.25)内插得到的 Hansen 系数进行比较，比较结果如表 5.5 和 5.6 所示。表 5.5 和 5.6 中，$f(e) = K_{l-2p+q}^{-(l+1),l-2p}(e) = e^{-|q|} X_{l-2p+q}^{-(l+1),l-2p}(e)$。

由表 5.5 和 5.6 可见，内插结果总体上分别有 5 位和 6 位有效位数。对于偏心率大的结果稍差一些，但也可以满足一阶理论的需求。当然，为了内插计算 Hansen 系数的导数，还需两个偏心率 e_0 和 e_1 处的 Hansen 系数的二阶导数。

值得指出的是，这种算法的使用前提是：在一次定轨中，偏心率的改正量小于 0.01。对于需要精密定轨的卫星来说，这种要求并不高，是可以做到的。如果不行，可以扩大 $[e_0, e_1]$ 的区间。

表 5.5　Hansen 系数 $K_{l-2p+q}^{-(l+1),l-2p}(e)$ 内插试验（$e\approx0.7$）

l	p	q	e	式(3.67)计算	内插结果	相对误差
2	1	-6	0.702	9.95280445732E $+$ 00	9.95272948735E $+$ 00	7.53254747468E $-$ 06
2	1	-5	0.702	8.10111737459E $+$ 00	8.10104489484E $+$ 00	8.94688292753E $-$ 06
2	1	-4	0.702	6.57458370173E $+$ 00	6.57451350278E $+$ 00	1.06773222937E $-$ 05
2	1	-3	0.702	5.31672088217E $+$ 00	5.31665285848E $+$ 00	1.27942945451E $-$ 05
2	1	-2	0.702	4.28104085409E $+$ 00	4.28097498460E $+$ 00	1.53863252668E $-$ 05
2	1	-1	0.702	3.43127441704E $+$ 00	3.43121074109E $+$ 00	1.85575214370E $-$ 05
2	1	0	0.702	2.76844736082E $+$ 00	2.76838595212E $+$ 00	2.21816359530E $-$ 05
2	1	-6	0.704	9.97301715741E $+$ 00	9.97291500416E $+$ 00	1.02429636838E $-$ 05
2	1	-5	0.704	8.12541613408E $+$ 00	8.12531734823E $+$ 00	1.21576354764E $-$ 05
2	1	-4	0.704	6.60084422466E $+$ 00	6.60074852948E $+$ 00	1.44974147431E $-$ 05
2	1	-3	0.704	5.34343067734E $+$ 00	5.34333793382E $+$ 00	1.73565501572E $-$ 05
2	1	-2	0.704	4.30715650297E $+$ 00	4.30706668449E $+$ 00	2.08533131192E $-$ 05
2	1	-1	0.704	3.45611500369E $+$ 00	3.45602816418E $+$ 00	2.51263388551E $-$ 05
2	1	0	0.704	2.79163122761E $+$ 00	2.79154746697E $+$ 00	3.00041951193E $-$ 05
2	1	-6	0.706	9.99372519000E $+$ 00	9.99363255949E $+$ 00	9.26886760143E $-$ 06
2	1	-5	0.706	8.15019280548E $+$ 00	8.15010319110E $+$ 00	1.09953695153E $-$ 05
2	1	-4	0.706	6.62756749404E $+$ 00	6.62748065733E $+$ 00	1.31023504223E $-$ 05
2	1	-3	0.706	5.37058796834E $+$ 00	5.37050379017E $+$ 00	1.56739195063E $-$ 05
2	1	-2	0.706	4.33370309138E $+$ 00	4.33362155062E $+$ 00	1.88154925484E $-$ 05
2	1	-1	0.706	3.48136822909E $+$ 00	3.48128937511E $+$ 00	2.26502830682E $-$ 05
2	1	0	0.706	2.81520784551E $+$ 00	2.81513176811E $+$ 00	2.70237244916E $-$ 05
2	1	-6	0.708	1.00149399591E $+$ 01	1.00148821533E $+$ 01	5.77195076055E $-$ 06
2	1	-5	0.708	8.17545840117E $+$ 00	8.17540242345E $+$ 00	6.84704391619E $-$ 06
2	1	-4	0.708	6.65476416678E $+$ 00	6.65470988632E $+$ 00	8.15663242827E $-$ 06
2	1	-3	0.708	5.39820307503E $+$ 00	5.39815042753E $+$ 00	9.75278305254E $-$ 06
2	1	-2	0.708	4.36069060639E $+$ 00	4.36063958298E $+$ 00	1.17007631764E $-$ 05
2	1	-1	0.708	3.50704374172E $+$ 00	3.50699437391E $+$ 00	1.40767599000E $-$ 05

（续表）

l	p	q	e	式(3.67)计算	内插结果	相对误差
2	1	0	0.708	2.83918651290E+00	2.83913885556E+00	1.67855626106E−05
2	1	−6	0.710	1.00366732038E+01	1.00366637857E+01	9.38374923952E−07
2	1	−5	0.710	8.20122426152E+00	8.20121504527E+00	1.12376521017E−06
2	1	−4	0.710	6.68244522016E+00	6.68243621645E+00	1.34736768531E−06
2	1	−3	0.710	5.42628662978E+00	5.42627784589E+00	1.61876514615E−06
2	1	−2	0.710	4.38812933943E+00	4.38812078158E+00	1.95022656540E−06
2	1	−1	0.710	3.53315148603E+00	3.53314316056E+00	2.35638505102E−06
2	1	0	0.710	2.86357681550E+00	2.86356872930E+00	2.82381108087E−06
2	1	−6	0.712	1.00589370113E+01	1.00589774565E+01	4.02082681933E−06
2	1	−5	0.712	8.22750206717E+00	8.22754105657E+00	4.73891175237E−06
2	1	−4	0.712	6.71062196381E+00	6.71065964773E+00	5.61556268848E−06
2	1	−3	0.712	5.45484958910E+00	5.45488604526E+00	6.68325640273E−06
2	1	−2	0.712	4.41602989770E+00	4.41606514642E+00	7.98199121707E−06
2	1	−1	0.712	3.55970171362E+00	3.55973573507E+00	9.55739028064E−06
2	1	0	0.712	2.88838863733E+00	2.88842138935E+00	1.13392013935E−05
2	1	−6	0.714	1.00817438291E+01	1.00818231659E+01	7.86934564771E−06
2	1	−5	0.714	8.25430385177E+00	8.25438045735E+00	9.28068331414E−06
2	1	−4	0.714	6.73930605226E+00	6.73938018016E+00	1.09993366829E−05
2	1	−3	0.714	5.48390324602E+00	5.48397502564E+00	1.30891475726E−05
2	1	−2	0.714	4.44440321624E+00	4.44447267749E+00	1.56289260504E−05
2	1	−1	0.714	3.58670499499E+00	3.58677209744E+00	1.87086632486E−05
2	1	0	0.714	2.91363217212E+00	2.91369683570E+00	2.21934626074E−05
2	1	−6	0.716	1.01051064796E+01	1.01052009137E+01	9.34518941184E−06
2	1	−5	0.716	8.28164201540E+00	8.28173324760E+00	1.10161969285E−05
2	1	−4	0.716	6.76850949802E+00	6.76859781372E+00	1.30480286782E−05
2	1	−3	0.716	5.51345924282E+00	5.51354478702E+00	1.55155225093E−05
2	1	−2	0.716	4.47326057039E+00	4.47334337479E+00	1.85109715387E−05

（续表）

l	p	q	e	式(3.67)计算	内插结果	相对误差
2	1	-1	0.716	3.61417223180E + 00	3.61425224767E + 00	2.21394729357E − 05
2	1	0	0.716	2.93931793528E + 00	2.93939506836E + 00	2.62418282714E − 05
2	1	-6	0.718	1.01290381735E + 01	1.01291107001E + 01	7.16027202911E − 06
2	1	-5	0.718	8.30952933852E + 00	8.30959942733E + 00	8.43475173471E − 06
2	1	-4	0.718	6.79824468529E + 00	6.79831254844E + 00	9.98245099045E − 06
2	1	-3	0.718	5.54352958450E + 00	5.54359532940E + 00	1.18597553761E − 05
2	1	-2	0.718	4.50261358901E + 00	4.50267723834E + 00	1.41360844304E − 05
2	1	-1	0.718	3.64211466969E + 00	3.64217618575E + 00	1.68902039049E − 05
2	1	0	0.718	2.96545677645E + 00	2.96551608731E + 00	2.00005814197E − 05

表 5.6　Hansen 系数 $K_{l-2p+q}^{-(l+1),l-2p}(e)$ 内插试验($e \approx 0.1$)

l	p	q	e	式(3.67)计算	内插结果	相对误差
2	0	6	0.092	9.93225255143E + 01	9.93224835237E + 01	4.22770459248E − 07
2	0	7	0.092	1.64820041720E + 02	1.64819958870E + 02	5.02669271743E − 07
2	0	8	0.092	2.67209768919E + 02	2.67209611453E + 02	5.89297177043E − 07
2	0	9	0.092	4.25269927654E + 02	4.25269637362E + 02	6.82605102005E − 07
2	0	10	0.092	6.66730204080E + 02	6.66729682332E + 02	7.82547480142E − 07
2	0	6	0.094	9.92103951398E + 01	9.92103383554E + 01	5.72363572321E − 07
2	0	7	0.094	1.64620118412E + 02	1.64620006388E + 02	6.80501155647E − 07
2	0	8	0.094	2.66862706216E + 02	2.66862493329E + 02	7.97739805839E − 07
2	0	9	0.094	4.24680502099E + 02	4.24680109689E + 02	9.24012188128E − 07
2	0	10	0.094	6.65747358399E + 02	6.65746653202E + 02	1.05925572345E − 06
2	0	6	0.096	9.90959581382E + 01	9.90959072847E + 01	5.13174263549E − 07
2	0	7	0.096	1.64416102881E + 02	1.64416002579E + 02	6.10049411055E − 07
2	0	8	0.096	2.66508574498E + 02	2.66508383929E + 02	7.15059383811E − 07
2	0	9	0.096	4.24079129986E + 02	4.24078778788E + 02	8.28141101869E − 07
2	0	10	0.096	6.64744689880E + 02	6.64744058881E + 02	9.49235762189E − 07
2	0	6	0.098	9.89792211121E + 01	9.89791903115E + 01	3.11182849226E − 07

（续表）

l	p	q	e	式(3.67)计算	内插结果	相对误差
2	0	7	0.098	1.64208008161E+02	1.64207947443E+02	3.69764486584E−07
2	0	8	0.098	2.66147398552E+02	2.66147283251E+02	4.33225369455E−07
2	0	9	0.098	4.23465857037E+02	4.23465644660E+02	5.01521290626E−07
2	0	10	0.098	6.63722280752E+02	6.63721899370E+02	5.74610647320E−07
2	0	6	0.100	9.88601907945E+01	9.88601874358E+01	3.39742717094E−08
2	0	7	0.100	1.63995847543E+02	1.63995840980E+02	4.00177224523E−08
2	0	8	0.100	2.65779203648E+02	2.65779191295E+02	4.64751985302E−08
2	0	9	0.100	4.22840729852E+02	4.22840707303E+02	5.33285292691E−08
2	0	10	0.100	6.62680214799E+02	6.62680174668E+02	6.05598622376E−08
2	0	6	0.102	9.87388740478E+01	9.87388986577E+01	2.49242167945E−07
2	0	7	0.102	1.63779634569E+02	1.63779683191E+02	2.96873801955E−07
2	0	8	0.102	2.65404015529E+02	2.65404108063E+02	3.48554910084E−07
2	0	9	0.102	4.22203795904E+02	4.22203966718E+02	4.04577372023E−07
2	0	10	0.102	6.61618577364E+02	6.61618884775E+02	4.64635085714E−07
2	0	6	0.104	9.86152778633E+01	9.86153239771E+01	4.67612576047E−07
2	0	7	0.104	1.63559383034E+02	1.63559474075E+02	5.56621801378E−07
2	0	8	0.104	2.65021860415E+02	2.65022033553E+02	6.53298358958E−07
2	0	9	0.104	4.21555103529E+02	4.21555422905E+02	7.57613892779E−07
2	0	10	0.104	6.60537455325E+02	6.60538029691E+02	8.69543874604E−07
2	0	6	0.106	9.84894093610E+01	9.84894633940E+01	5.48617694363E−07
2	0	7	0.106	1.63335106983E+02	1.63335213631E+02	6.52940638877E−07
2	0	8	0.106	2.64632764998E+02	2.64632967766E+02	7.66225724455E−07
2	0	9	0.106	4.20894701927E+02	4.20895075865E+02	8.88436072917E−07
2	0	10	0.106	6.59436937095E+02	6.59437609417E+02	1.01953931019E−06
2	0	6	0.108	9.83612757884E+01	9.83613169085E+01	4.18051623435E−07
2	0	7	0.108	1.63106820713E+02	1.63106901862E+02	4.97520515675E−07
2	0	8	0.108	2.64236756438E+02	2.64236910702E+02	5.83811502605E−07
2	0	9	0.108	4.20222641149E+02	4.20222925596E+02	6.76895795759E−07
2	0	10	0.108	6.58317112606E+02	6.58317623952E+02	7.76748045470E−07

　　另外，应该指出的是：当利用该方法直接内插 Hansen 系数 $X_{l-2p+q}^{-(l+1),l-2p}(e)$ 时，结果要差得多，表 5.7 给出了与表 5.6 同样试验算例的计算结果。比较相关计算结果可知，内插精度几乎差了 4 个数量级。分析其原因，这是由于 $K_{l-2p+q}^{-(l+1),l-2p}(e)$ 的首项（也是主项）不含 e，从而在 $[e_0,e_1]$ 区间内变化比较平缓，可以用低阶多项式逼近，然而 $X_{l-2p+q}^{-(l+1),l-2p}(e)$ 不能。因此，$K_{l-2p+q}^{-(l+1),l-2p}(e)$ 和 $X_{l-2p+q}^{-(l+1),l-2p}(e)$ 的内插精度相差悬殊。

　　这样，计算 $K_k^{n,m}(e)=e^{-|k-m|}X_k^{n,m}(e)$ 不仅是无奇点摄动理论的需要，还可以提高使用内插方法计算 Hansen 系数 $X_k^{n,m}(e)$ 的精度。但是，基于 Hansen 系数 Hill 表达式的直接计算方法不能计算 $K_k^{n,m}(e)$，而其他直接计算方法又不如基于 Hill 表达式的直接计算方法稳定。因此，如何使用基于 Hansen 系数 Hill 表达式的直接计算方法计算 $K_k^{n,m}(e)$，还需要进一步研究。

表 5.7　Hansen 系数 $X_{l-2p+q}^{-(l+1),l-2p}(e)$ 内插试验（$e\approx0.1$）

l	p	q	e	式(3.17)或(3.87)计算	内插结果	相对误差
2	0	-10	0.106	5.16189326796E$-$11	5.27299491662E$-$11	2.15234300466E$-$02
2	0	-9	0.106	3.66861847726E$-$10	3.72870396205E$-$10	1.63782320692E$-$02
2	0	-8	0.106	2.59855384549E$-$09	2.62942207239E$-$09	1.18790022229E$-$02
2	0	-7	0.106	1.82805506414E$-$08	1.84283771325E$-$08	8.08654476485E$-$03
2	0	-6	0.106	1.26806854093E$-$07	1.27446178864E$-$07	5.04172093036E$-$03
2	0	-5	0.106	8.52850406556E$-$07	8.55202953396E$-$07	2.75845191914E$-$03
2	0	-4	0.106	5.30205984487E$-$06	5.30850051259E$-$06	1.21474821333E$-$03
2	0	-3	0.106	2.50060512129E$-$05	2.50145851785E$-$05	3.41276019940E$-$04
2	0	1	0.106	3.61895059599E$-$01	3.61892245635E$-$01	7.77563706720E$-$06
2	0	2	0.106	9.31039506592E$-$02	9.31011732688E$-$02	2.98310689922E$-$05
2	0	3	0.106	2.04051747520E$-$02	2.04104336820E$-$02	2.57725308177E$-$04
2	0	4	0.106	4.08432903692E$-$03	4.08871138501E$-$03	1.07296646457E$-$03
2	0	5	0.106	7.71029339885E$-$04	7.72997286456E$-$04	2.55236275661E$-$03
2	0	6	0.106	1.39709109533E$-$04	1.40375434932E$-$04	4.76937689557E$-$03
2	0	7	0.106	2.45595609216E$-$05	2.47498771287E$-$05	7.74916977172E$-$03
2	0	8	0.106	4.21784422950E$-$06	4.26626600158E$-$06	1.14802181986E$-$02
2	0	9	0.106	7.11092742861E$-$07	7.22415791306E$-$07	1.59234481846E$-$02

(续表)

l	p	q	e	式(3.17)或(3.87)计算	内插结果	相对误差
2	0	10	0.106	1.18095111981E − 07	1.20577396514E − 07	2.10193672828E − 02
2	0	− 10	0.108	6.22224965281E − 11	6.31711703414E − 11	1.52464762147E − 02
2	0	− 9	0.108	4.34070886551E − 10	4.39092298525E − 10	1.15681842052E − 02
2	0	− 8	0.108	3.01791869399E − 09	3.04319554294E − 09	8.37558977179E − 03
2	0	− 7	0.108	2.08391527594E − 08	2.09578902939E − 08	5.69781007323E − 03
2	0	− 6	0.108	1.41887645317E − 07	1.42391878316E − 07	3.55374844516E − 03
2	0	− 5	0.108	9.36655609416E − 07	9.38479341578E − 07	1.94706799743E − 03
2	0	− 4	0.108	5.71541266884E − 06	5.72032539468E − 06	8.59557503341E − 04
2	0	− 3	0.108	2.64562121171E − 05	2.64626260973E − 05	2.42437585500E − 04
2	0	1	0.108	3.68371949556E − 01	3.68369842451E − 01	5.72004802060E − 06
2	0	2	0.108	9.65561921373E − 02	9.65540784044E − 02	2.18912208961E − 05
2	0	3	0.108	2.15596964303E − 02	2.15636048198E − 02	1.81282213269E − 04
2	0	4	0.108	4.39649010622E − 03	4.39981359778E − 03	7.55942008526E − 04
2	0	5	0.108	8.45542901815E − 04	8.47061882053E − 04	1.79645554987E − 03
2	0	6	0.108	1.56086982921E − 04	1.56610553659E − 04	3.35435235177E − 03
2	0	7	0.108	2.79536427741E − 05	2.81059856151E − 05	5.44983858542E − 03
2	0	8	0.108	4.89083795158E − 06	4.93035911997E − 06	8.08065382304E − 03
2	0	9	0.108	8.40027004071E − 07	8.49459535441E − 07	1.12288430305E − 02
2	0	10	0.108	1.42125727054E − 07	1.44238553048E − 07	1.48658940118E − 02

　　除了上述几种方法以外,Klioner 等还研究了 Hansen 系数计算的快速 Fourier 分析方法(FFT)[9];Lion 和 Métris 还探讨了以偏近点角为基础的类 Hansen 系数及其计算方法,以避免 Hansen 系数的相关计算困难[10]。但是,这些方法均不很成熟,没有投入使用,这里不再详细介绍。

参考文献

[1] Sharaf,M. A.,Selim,H. H. Recursive harmonic analysis for computing Hansen coefficients. Research in Astronomy and Astrophysics,2010,10(12):1928 − 1306.

［2］吴连大. 人造卫星与空间碎片的轨道和探测. 北京：中国科学技术出版社，2011.

［3］de Moraes，R. V.，Wnuk，E. Orbital perturbations using geopotential coefficients up to high degree and order：Highly eccentric orbits. Spaceflight Dynamics 1998，Vol 100，Part 1 and 2. San Diego：Univelt Inc.，Vol. 100，p. 227－238，1998.

［4］Giacaglia，G. E. O. A note on Hansen's coefficients in satellite theory. Celestial Mechanics，1976，14(4)：515－523.

［5］Jarnagin，M. P. Expansions in Elliptic Motion. Astronomical Papers Prepared for the Use of the American Ephemeris and Nautical Almanac Volume XVIII，U. S. Government Printing Office，Washington，1965.

［6］Vakhidov，A. A. Construction of polynomial approximation for Hansen coefficients. Computer Physics Communications，2000，124(1)，40－48.

［7］Da Silva Fernandes，S. Some expansions of the elliptic motion to high eccentricities. Celestial Mechanics and Dynamical Astronomy，1995，62(4)，305－321.

［8］Wnuk，E. Recent progress in analytical orbit theories. Advances in Space Research，1999，23(4)：677－687.

［9］Klioner，S. A.，Vakhidov，A. A. Vasiliev，N. N. Numerical computation of Hansen-like expansions. Celestial Mechanics and Dynamical Astronomy，1998，68(3)，257－272.

［10］Lion，G.，Métris，G. Two algorithms to compute Hansen-like coefficients with respect to the eccentric anomaly. Advances in Space Research，2013，51(1)，1－9.

附　录

附录 A　几个公式的推导

A.1　表达式(2.5)的推导

Laskar 和 Boué 给出了 Hansen 系数 $X_0^{n,m}$ 的级数表达式[1]：

$$X_0^{n,m} = (-1)^m \frac{(n+1+m)!}{(n+1)!} \sum_{l=0}^{\lfloor (n+1-m)/2 \rfloor} \frac{(n+1-m)!}{l!(m+l)!(n+1-m-2l)!} \left(\frac{e}{2}\right)^{m+2l} \tag{A1}$$

其具体证明可以采用数学归纳法。

首先，证明当 $m=0$ 和 $m=1$ 时，式(A1)成立。根据 $X_0^{n,m}$ 的定义

$$X_0^{n,m} = \frac{1}{2\pi} \int_0^{2\pi} \left(\frac{r}{a}\right)^n \exp(jmf) \mathrm{d}M = \frac{1}{2\pi} \int_0^{2\pi} \left(\frac{r}{a}\right)^{n+1} \exp(jmf) \mathrm{d}E \tag{A2}$$

当 $m=0$ 时，有

$$X_0^{n,0} = \frac{1}{2\pi} \int_0^{2\pi} (1 - e\cos E)^{n+1} \mathrm{d}E \tag{A3}$$

当 $m=1$ 时，有

$$X_0^{n,1} = \frac{1}{2\pi} \int_0^{2\pi} (1 - e\cos E)^n (\cos E - e) \mathrm{d}E \tag{A4}$$

式(A3)可以进一步表达为

$$X_0^{n,0} = \frac{1}{2\pi} \int_0^{2\pi} \sum_{k=0}^{n+1} \binom{n+1}{k} (-e\cos E)^k \mathrm{d}E \tag{A5}$$

将 $\cos^k E = \dfrac{1}{2^k}\sum\limits_{l=0}^{k}\begin{pmatrix}k\\l\end{pmatrix}\cos(k-2l)E$ 代入式（A5），得到

$$X_0^{n,0} = \frac{1}{2\pi}\int_0^{2\pi}\sum_{k=0}^{n+1}\begin{pmatrix}n+1\\k\end{pmatrix}\left(-\frac{e}{2}\right)^k\sum_{l=0}^{k}\begin{pmatrix}k\\l\end{pmatrix}\cos(k-2l)E\,\mathrm{d}E \tag{A6}$$

对于式（A6），只有当 $2l=k$，即 k 为偶数的项才不等于 0。令 $k=2l$，即有

$$X_0^{n,0} = \sum_{l=0}^{[(n+1)/2]}\begin{pmatrix}n+1\\2l\end{pmatrix}\left(-\frac{e}{2}\right)^{2l}\begin{pmatrix}2l\\l\end{pmatrix} = \sum_{l=0}^{[(n+1)/2]}\frac{(n+1)!}{l!\,l!\,(n+1-2l)!}\left(\frac{e}{2}\right)^{2l} \tag{A7}$$

于是，当 $m=0$ 时，式（A1）成立。

同理，

$$X_0^{n,1} = \frac{1}{2\pi}\int_0^{2\pi}(1-e\cos E)^n(\cos E - e)\,\mathrm{d}E$$

$$= \frac{1}{2\pi}\int_0^{2\pi}\sum_{k=0}^{n}\begin{pmatrix}n\\k\end{pmatrix}\left(-\frac{e}{2}\right)^k\sum_{l=0}^{k}\begin{pmatrix}k\\l\end{pmatrix}\cos(k-2l)E(\cos E - e)\,\mathrm{d}E \tag{A8}$$

对于式（A8），其中的一项为

$$-\frac{1}{2\pi}\int_0^{2\pi}(1-e\cos E)^n e\,\mathrm{d}E$$

$$= -\frac{e}{2\pi}\int_0^{2\pi}\sum_{k=0}^{n}\begin{pmatrix}n\\k\end{pmatrix}\left(-\frac{e}{2}\right)^k\sum_{l=0}^{k}\begin{pmatrix}k\\l\end{pmatrix}\cos(k-2l)E\,\mathrm{d}E \tag{A9}$$

$$= -2\sum_{l=0}^{[n/2]}\frac{n!}{l!\,l!\,(n-2l)!}\left(\frac{e}{2}\right)^{2l+1}$$

另外一项为

$$\frac{1}{2\pi}\int_0^{2\pi}(1-e\cos E)^n\cos E\,\mathrm{d}E$$

$$= \frac{1}{2\pi}\int_0^{2\pi}\sum_{k=0}^{n}\begin{pmatrix}n\\k\end{pmatrix}\left(-\frac{e}{2}\right)^k\sum_{l=0}^{k}\begin{pmatrix}k\\l\end{pmatrix}\cos(k-2l)E\cos E\,\mathrm{d}E \tag{A10}$$

式（A10）中，只有 $k=2l\pm1$ 的项不等于 0。由于 $k=2l+1$ 和 $k=2l-1$ 的项一样大，我们可以选取其中一项不除以 2。令 $k=2l+1$，即有

$$\frac{1}{2\pi}\int_0^{2\pi}\sum_{k=0}^{n}\begin{pmatrix}n\\k\end{pmatrix}\left(-\frac{e}{2}\right)^k\sum_{l=0}^{k}\begin{pmatrix}k\\l\end{pmatrix}\cos(k-2l)E\cos E\,\mathrm{d}E \tag{A11}$$

$$= -\sum_{l=0}^{[n/2]}\frac{n!}{l!\,(l+1)!\,(n-2l-1)!}\left(\frac{e}{2}\right)^{2l+1}$$

将式(A9)和(A11)两项相加,得到

$$X_0^{n,1} = -\sum_{l=0}^{[n/2]}\left[(2l+2)+(n-2l)\right]\frac{1}{l!(l+1)!(n-2l)!}\left(\frac{e}{2}\right)^{2l+1}$$

$$= -(n+2)\sum_{l=0}^{[n/2]}\frac{n!}{l!(l+1)!(n-2l)!}\left(\frac{e}{2}\right)^{2l+1}$$

$$\text{(A12)}$$

于是,当 $m=1$ 时,式(A1)成立。

然后,根据递推公式

$$X_0^{n,m} = \frac{1}{n+2-m}\left[\frac{2}{e}(m-1)X_0^{n,m-1}+(n+m)X_0^{n,m-2}\right] \qquad \text{(A13)}$$

利用数学归纳法证明式(A1)。

证明:

(1) 当 $m=0$ 和 $m=1$ 时,式(A1)成立。

(2) 令 $m=m-1$,如果式(A1)成立,即有

$$X_0^{n,m-1} = (-1)^{m-1}\frac{(n+1+m-1)!}{(n+1)!}$$

$$\times \sum_{l=0}^{[(n+1-m+1)/2]}\frac{(n+1-m+1)!}{l!(m-1+l)!(n+1-m+1-2l)!}\left(\frac{e}{2}\right)^{m-1+2l}$$

令 $m=m-2$,如果式(A1)成立,即有

$$X_0^{n,m-2} = (-1)^{m-2}\frac{(n+1+m-2)!}{(n+1)!}$$

$$\times \sum_{l=0}^{[(n+1-m+2)/2]}\frac{(n+1-m+2)!}{l!(m-2+l)!(n+1-m+2-2l)!}\left(\frac{e}{2}\right)^{m-2+2l}$$

根据递推公式(A13),有

$$X_0^{n,m} = \frac{1}{n+2-m}\left[\frac{2}{e}(m-1)X_0^{n,m-1}+(n+m)X_0^{n,m-2}\right]$$

$$= \frac{(-1)^{m-1}}{n+2-m}\frac{(n+m)!}{(n+1)!}\sum_{l=0}^{[(n-m+2)/2]}\frac{(m-1)(n-m+2)!}{l!(m-1+l)!(n-m+2-2l)!}\left(\frac{e}{2}\right)^{m-2+2l}$$

$$+ \frac{(-1)^{m-2}}{n+2-m}\frac{(n+m-1)!}{(n+1)!}\sum_{l=0}^{[(n-m+3)/2]}\frac{(n+m)(n-m+3)!}{l!(m-2+l)!(n-m+3-2l)!}\left(\frac{e}{2}\right)^{m-2+2l}$$

$$= (-1)^{m-1}\frac{(n+m+1)!}{(n+1)!}\sum_{l=0}^{[(n-m+2)/2]}\frac{(m-1)(n-m+1)!}{(n+m+1)l!(m-1+l)!(n-m+2-2l)!}\left(\frac{e}{2}\right)^{m-2+2l}$$

$$+ (-1)^{m-2}\frac{(n+m+1)!}{(n+1)!}\sum_{l=0}^{[(n-m+3)/2]}\frac{(n-m+3)(n-m+1)!}{(n+m+1)l!(m-2+l)!(n-m+3-2l)!}\left(\frac{e}{2}\right)^{m-2+}$$

不难看出，上式中 $l = 0$ 的项可以消去，令 $l \Rightarrow l + 1$ 则有

$$
\begin{aligned}
X_0^{n,m} &= (-1)^{m-1} \frac{(n+m+1)!}{(n+1)!} \sum_{l=0}^{[(n-m)/2]} \frac{(m-1)}{(n+m+1)(l+1)} \frac{(n-m+1)!}{l!(m+l)!(n-m-2l)!} \left(\frac{e}{2}\right)^{m+2l} \\
&+ (-1)^{m-2} \frac{(n+m+1)!}{(n+1)!} \sum_{l=0}^{[(n-m+1)/2]} \frac{(n-m+3)}{(n+m+1)(l+1)} \frac{(n-m+1)!}{l!(m+l-1)!(n-m+1-2l)!} \left(\frac{e}{2}\right)^{m+2l} \\
&= (-1)^{m-1} \frac{(n+m+1)!}{(n+1)!} \sum_{l=0}^{[(n-m)/2]} \frac{(m-1)(n-m+1-2l)}{(n+m+1)(l+1)} \frac{(n-m+1)!}{l!(m+l)!(n-m+1-2l)!} \left(\frac{e}{2}\right)^{m+2l} \\
&+ (-1)^{m-2} \frac{(n+m+1)!}{(n+1)!} \sum_{l=0}^{[(n-m+1)/2]} \frac{(n-m+3)(m+l)}{(n+m+1)(l+1)} \frac{(n-m+1)!}{l!(m+l)!(n-m+1-2l)!} \left(\frac{e}{2}\right)^{m+2l} \\
&= (-1)^{m} \frac{(n+m+1)!}{(n+1)!} \sum_{l=0}^{[(n-m)/2]} \left[\frac{(n-m+3)(m+l)}{(n+m+1)(l+1)} - \frac{(m-1)(n-m+1-2l)}{(n+m+1)(l+1)} \right] \\
&\times \frac{(n-m+1)!}{l!(m+l)!(n-m+1-2l)!} \left(\frac{e}{2}\right)^{m+2l} \\
&+ (-1)^{m} \frac{(n+m+1)!}{(n+1)!} \frac{(n-m+3)(m+l)}{(n+m+1)(l+1)} \frac{(n-m+1)!}{l!(m+l)!(n-m+1-2l)!} \left(\frac{e}{2}\right)^{m+2l} \Bigg|_{l=[(n-m+1)/2]}
\end{aligned}
\tag{A14}
$$

当 $n-m$ 为偶数时，式(A14)中的最后一项可以消去，由于

$$
\frac{(n-m+3)(m+l)}{(n+m+1)(l+1)} - \frac{(m-1)(n-m+1-2l)}{(n+m+1)(l+1)} = 1
$$

则由式(A14)，有

$$
X_0^{n,m} = (-1)^{m} \frac{(n+m+1)!}{(n+1)!} \sum_{l=0}^{[(n-m)/2]} \frac{(n-m+1)!}{l!(m+l)!(n-m+1-2l)!} \left(\frac{e}{2}\right)^{m+2l}
\tag{A15}
$$

当 $n-m$ 为奇数时，式(A14)中最后一项需要加上，由于

$$
\frac{(n-m+3)(m+l)}{(n+m+1)(l+1)} \bigg|_{l=(n-m+1)/2} = \frac{(n-m+3)(n+m+1)/2}{(n+m+1)(n-m+3)/2} = 1
$$

则由式(A14)，有

$$
X_0^{n,m} = (-1)^{m} \frac{(n+m+1)!}{(n+1)!} \sum_{l=0}^{[(n+1-m)/2]} \frac{(n-m+1)!}{l!(m+l)!(n-m+1-2l)!} \left(\frac{e}{2}\right)^{m+2l}
\tag{A16}
$$

于是，式(A1)证明完毕。

A.2 表达式(3.74)的推导

Challe 和 Laclaverie 引进了一种 Hansen 系数,其定义为[2]

$$
\begin{aligned}
B_{n,p}^k(e) &= \frac{1}{2\pi}\int_0^{2\pi}\left(\frac{a}{r}\right)^n \exp[\mathrm{j}(kf-pM)]\mathrm{d}M \\
&= \frac{1}{2\pi}\int_0^{2\pi}\left(\frac{a}{r}\right)^{n-1} \exp[\mathrm{j}(kf-pM)]\mathrm{d}E
\end{aligned}
\tag{A17}
$$

并给出了几个递推公式[2]:

$$
B_{n,p}^k = \frac{1}{\eta^2}\left[B_{n-1,p}^k + \frac{e}{2}(B_{n-1,p}^{k+1}+B_{n-1,p}^{k-1})\right]
\tag{22}
$$

$$
p\eta B_{n,p}^k = k\eta^2 B_{n+2,p}^k + \frac{ne}{2}(B_{n+1,p}^{k+1}-B_{n+1,p}^{k-1})
\tag{23}
$$

$$
B_{n,p}^k = \frac{1}{p\eta}\left[kB_{n+1,p}^k + (n+k)\frac{e}{2}B_{n+1,p}^{k+1} - (n-k)\frac{e}{2}B_{n+1,p}^{k-1}\right]
\tag{24}
$$

$$
4\left[p\eta^3 - k\left(1+\frac{e^2}{2}\right)\right]B_{n,p}^k = e^2(k-n)B_{n,p}^{k-2} + 2e(2k-n)B_{n,p}^{k-1}
$$
$$
+ 2e(2k+n)B_{n,p}^{k+1} + e^2(k+n)B_{n,p}^{k+2}
\tag{25}
$$

注意,为了便于读者查阅原文,这里的公式编号(22)~(25),以及下文出现的公式编号(26)~(29),即为文献[2]中的原文公式编号。

在轨道根数 a、e、i、Ω、ω 和 E(偏近点角 E,代替平近点角 M)作为独立变量的前提下,将式(A17)对 e 求导,有

$$
\begin{aligned}
\frac{\mathrm{d}}{\mathrm{d}e}B_{n,p}^k &= \frac{1}{2\pi}\int_0^{2\pi}(n-1)\left(\frac{a}{r}\right)^{n-2}\frac{\partial}{\partial e}\left(\frac{a}{r}\right)\exp[\mathrm{j}(kf-pM)]\mathrm{d}E \\
&+ \frac{1}{2\pi}\int_0^{2\pi}\left(\frac{a}{r}\right)^{n-1}k\mathrm{j}\frac{\partial f}{\partial e}\exp[\mathrm{j}(kf-pM)]\mathrm{d}E \\
&- \frac{1}{2\pi}\int_0^{2\pi}\left(\frac{a}{r}\right)^{n-1}p\mathrm{j}\frac{\partial M}{\partial e}\exp[\mathrm{j}(kf-pM)]\mathrm{d}E
\end{aligned}
\tag{A18}
$$

其中,

$$
\frac{\partial}{\partial e}\left(\frac{a}{r}\right) = \left(\frac{a}{r}\right)^2\cos E = \frac{1}{e}\left(\frac{a^2}{r^2}-\frac{a}{r}\right)
$$
$$
\frac{\partial M}{\partial e} = -\sin E = -\frac{r}{a}\frac{\sin f}{\eta} = -\frac{r}{a}\frac{1}{2\mathrm{j}\eta}[\exp(\mathrm{j}f)-\exp(-\mathrm{j}f)]
$$
$$
\frac{\partial f}{\partial e} = \frac{1}{\eta^2}\sin f = \frac{1}{2\mathrm{j}\eta^2}[\exp(\mathrm{j}f)-\exp(-\mathrm{j}f)]
\tag{A19}
$$

进而，即可得到

$$\frac{\mathrm{d}B_{n,p}^{k}}{\mathrm{d}e} = \frac{n-1}{e}(B_{n+1,p}^{k} - B_{n,p}^{k}) + \frac{k}{2\eta^2}(B_{n,p}^{k+1} - B_{n,p}^{k-1}) + \frac{p}{2\eta}(B_{n-1,p}^{k+1} - B_{n-1,p}^{k-1}) \quad (26)$$

需要说明的是，原文献[2]中的式(25)和(26)，有印刷错误。

利用式(22)和(24)即有

$$\frac{\mathrm{d}B_{n,p}^{k}}{\mathrm{d}e} = \frac{1}{\eta^2}\Big(\frac{n-k}{4}eB_{n,p}^{k-2} + \frac{n-2k}{2}B_{n,p}^{k-1} + \frac{ne}{2}B_{n,p}^{k} + \frac{n+2k}{2}B_{n,p}^{k+1} + \frac{n+k}{4}eB_{n,p}^{k+2}\Big)$$

$$(27)$$

由式(25)可得

$$(n-k)\frac{e^2}{4}B_{n,p}^{k-2} + (n-2k)\frac{e}{2}B_{n,p}^{k-1} + \Big[p\eta^3 - k\Big(1+\frac{e^2}{2}\Big)\Big]B_{n,p}^{k}$$

$$= (n+k)\frac{e^2}{4}B_{n,p}^{k+2} + (n+2k)\frac{e}{2}B_{n,p}^{k+1}$$

$$(n+k)\frac{e^2}{4}B_{n,p}^{k+2} + (n+2k)\frac{e}{2}B_{n,p}^{k+1} - \Big[p\eta^3 - k\Big(1+\frac{e^2}{2}\Big)\Big]B_{n,p}^{k}$$

$$= (n-k)\frac{e^2}{4}B_{n,p}^{k-2} + (n-2k)\frac{e}{2}B_{n,p}^{k-1}$$

$$(A20)$$

将式(A20)代入式(27)，即得

$$\frac{\mathrm{d}B_{n,p}^{k}}{\mathrm{d}e} = \frac{1}{\eta^2}\Big\{\Big[\frac{ne}{2} - \frac{p\eta^3}{e} + k\Big(\frac{e}{2}+\frac{1}{e}\Big)\Big]B_{n,p}^{k} + (n+2k)B_{n,p}^{k+1} + \frac{n+k}{2}eB_{n,p}^{k+2}\Big\} \quad (28)$$

$$\frac{\mathrm{d}B_{n,p}^{k}}{\mathrm{d}e} = \frac{1}{\eta^2}\Big\{\Big[\frac{ne}{2} + \frac{p\eta^3}{e} - k\Big(\frac{e}{2}+\frac{1}{e}\Big)\Big]B_{n,p}^{k} + (n-2k)B_{n,p}^{k-1} + \frac{n-k}{2}eB_{n,p}^{k-2}\Big\} \quad (29)$$

另外，根据 $B_{n,p}^{k}(e)$ 的定义可知

$$B_{n,p}^{k}(e) = X_p^{-n,k}(e) \quad (A21)$$

并令 $k \Rightarrow m, p \Rightarrow k$，于是有

$$\frac{\mathrm{d}X_k^{-n,m}}{\mathrm{d}e} = \frac{1}{\eta^2}\Big\{\Big[\frac{ne}{2} - \frac{k\eta^3}{e} + m\Big(\frac{e}{2}+\frac{1}{e}\Big)\Big]X_k^{-n,m} + (n+2m)X_k^{-n,m+1} + \frac{n+m}{2}eX_k^{-n,m+2}\Big\}$$

$$(A22)$$

$$\frac{\mathrm{d}X_k^{-n,m}}{\mathrm{d}e} = \frac{1}{\eta^2}\Big\{\Big[\frac{ne}{2} + \frac{k\eta^3}{e} - m\Big(\frac{e}{2}+\frac{1}{e}\Big)\Big]X_k^{-n,m} + (n-2m)X_k^{-n,m-1} + \frac{n-m}{2}eX_k^{-n,m-2}\Big\}$$

$$(A23)$$

将式(A23)中的 $-n$ 换成 n，有

$$2\eta^2 e \frac{\mathrm{d}X_k^{n,m}}{\mathrm{d}e} = \left[-2m - (n+m)e^2 + 2k\eta^3\right]X_k^{n,m} - 2(n+2m)eX_k^{n,m-1} - (n+m)e^2 X_k^{n,m-2}$$

$$\text{(A24)}$$

此即式(3.74b)。同样,将式(A22)中的 $-n$ 换成 n,即可得到式(3.74a)。

A.3 表达式(3.10)的推导思路

根据式(3.19),换成与文献[3]一致的公式符号,有

$$X_k^{n,m} = (1+\beta^2)^{-n-1} \sum_p \sum_q \binom{n+m+1}{p}\binom{n-m+1}{q}(-\beta)^{p+q}\mathrm{J}_{k-m+p-q}(ke)$$

$$\text{(A25)}$$

由于

$$\beta = \frac{e}{2}(1+\beta^2) \tag{A26}$$

$$(-\beta)^{p+q} = (-1)^{p+q}\left(\frac{e}{2}\right)^{p+q}(1+\beta^2)^{p+q} \tag{A27}$$

由式(A25),即有

$$X_k^{n,m} = (1+\beta^2)^{-n+p+q-1} \sum_p \sum_q \binom{n+m+1}{p}\binom{n-m+1}{q}(-1)^{p+q}\left(\frac{e}{2}\right)^{p+q}\mathrm{J}_{k-m+p-q}(ke)$$

$$\text{(A28)}$$

进而,利用

$$(1+\beta^2)^{-n+p+q-1} = \sum_{j=0}^{\infty}\left[2\binom{-n+p+q+2j-2}{j} - \binom{-n+p+q+2j-1}{j}\right]\left(\frac{e}{2}\right)^{2j}$$

$$\text{(A29)}$$

$$\mathrm{J}_n(x) = \sum_{i=0}^{\infty}\frac{(-1)^i}{i!(n+i)!}\left(\frac{x}{2}\right)^{n+2i}$$

则有

$$X_k^{n,m} = \sum_p \sum_q \sum_j \sum_\alpha \binom{n+m+1}{p}\binom{n-m+1}{q}$$

$$\times\left[2\binom{-n+p+q+2j-2}{j} - \binom{-n+p+q+2j-1}{j}\right] \tag{A30}$$

$$\times (-1)^{p+q}\frac{(-1)^\alpha k^{k-m+p-q+2\alpha}}{\alpha!(k-m+p-q+\alpha)!}\left(\frac{e}{2}\right)^{k-m+2p+2\alpha+2j}$$

这就是文献[3]中的式(6-5)。

下面需要推导的是变换和优化求和指标,并消去一些二项式为零的求和范围,进而就可得到式(3.10):

$$X_{m+s}^{n,m} = \left(-\frac{e}{2}\right)^s \sum_{t=0}^{\infty} \left(\frac{e}{2}\right)^{2t} \left\{ \sum_{j=0}^{t} \sum_{p=0}^{j} \begin{pmatrix} n+m+1 \\ j-p \end{pmatrix} X_p \right.$$

$$\left. \times \sum_{q=0}^{s+j} \begin{pmatrix} n-m+1 \\ s+j-q \end{pmatrix} X_q \left[\begin{pmatrix} k \\ t-j \end{pmatrix} - \begin{pmatrix} k \\ t-j-1 \end{pmatrix} \right] \right\}$$

其中,

$$k = 2t - n + s - p - q - 2, \quad X_p = \frac{(m+s)^p}{p!}, \quad X_q = \frac{(m+s)^q}{q!}(-1)^q$$

这个推导过程很复杂,感兴趣的读者,可以尝试进一步推导。

附录 B　Hansen 系数的 Hansen 表达式[4]

定义

$$x = \exp(\mathrm{j}f), \quad y = \exp(\mathrm{j}E), \quad z = \exp(\mathrm{j}M) \tag{B1}$$

其中,f、E 和 M 分别为真近点角、偏近点角和平近点角。将关系式

$$\mathrm{d}M = \frac{\mathrm{d}z}{\mathrm{j}z} \tag{B2}$$

代入 Hansen 系数的定义表达式

$$X_k^{n,s} = \frac{1}{2\pi} \int_0^{2\pi} \left(\frac{r}{a}\right)^n \exp[\mathrm{j}(sf - kM)]\mathrm{d}M$$

得到环路积分:

$$X_k^{n,s} = \frac{1}{2\pi\mathrm{j}} \oint \left(\frac{r}{a}\right)^n x^s z^{-k-1}\mathrm{d}z \tag{B3}$$

这里,环路是单位圆 $|z| = 1$。

通过下面关系式,式(B3)中积分可以方便地转换为 x 或 y 的积分:

$$\mathrm{d}z = \frac{r^2}{a^2 \cos\phi} \frac{z}{x}\mathrm{d}x \tag{B4}$$

$$\mathrm{d}z = \frac{r}{a} \frac{z}{y}\mathrm{d}y \tag{B5}$$

将式(B4)代入式(B3),得到

$$X_k^{n,s} = \frac{1}{2\pi j\cos\phi}\oint\left(\frac{r}{a}\right)^{n+2}x^{s-1}z^{-k}\mathrm{d}x, \tag{B6}$$

这里,环路是单位圆 $|x| = 1$。

做如下替换

$$\frac{r}{a} = \frac{(1-\beta^2)^2}{1+\beta^2}(1+\beta x)^{-1}\left(1+\frac{\beta}{x}\right)^{-1}, \quad z = y\exp\left[-\frac{e}{2}(y - y^{-1})\right] \tag{B7}$$

$$y = x\frac{1+\beta x^{-1}}{1+\beta x}, \quad \cos\phi = \frac{1-\beta^2}{1+\beta^2}$$

得到

$$\left(\frac{r}{a}\right)^{n+2}\frac{1}{\cos\phi}x^{s-1}y^{-k} = \frac{(1-\beta^2)^{2n+3}}{(1+\beta^2)^{n+1}}(1+\beta x)^{-n+k-2}(1+\beta x^{-1})^{-n-k-2}x^{s-k-1}$$

$$\exp\left[\frac{e}{2}k(y - y^{-1})\right] = \exp\left[\mu\beta\left(\frac{x}{1+\beta x} - \frac{x^{-1}}{1+\beta x^{-1}}\right)\right], \quad \mu = k\cos\phi \tag{B8}$$

于是,有

$$X_k^{n,s} = \frac{1}{2\pi j}\frac{(1-\beta^2)^{2n+3}}{(1+\beta^2)^{n+1}}\oint x^{s-k-1}(1+\beta x)^{-n+k-2}(1+\beta x^{-1})^{-n-k-2} \tag{B9}$$

$$\times \exp\left[\mu\beta\left(\frac{x}{1+\beta x} - \frac{x^{-1}}{1+\beta x^{-1}}\right)\right]\mathrm{d}x$$

Hansen 将式(B9)中的被积函数分成三个因子展开,即

$$x^{s-k-1}, \quad (1+\beta x)^{-n+k-2}\exp\left[\mu\beta\left(\frac{x}{1+\beta x}\right)\right], \quad (1+\beta x^{-1})^{-n-k-2}\exp\left(-\frac{\mu\beta x^{-1}}{1+\beta x^{-1}}\right) \tag{B10}$$

指数函数 $\exp[\mu\beta x/(1+\beta x)]$ 的展开为

$$\exp\left[\mu\beta\left(\frac{x}{1+\beta x}\right)\right] = \sum_{m=0}^{\infty}\frac{(\mu\beta x)^m}{m!}(1+\beta x)^{-m}$$

于是

$$(1+\beta x)^{-n+k-2}\exp\left[\mu\beta\left(\frac{x}{1+\beta x}\right)\right] = \sum_{m=0}^{\infty}\frac{(\mu\beta x)^m}{m!}(1+\beta x)^{-n+k-m-2} \tag{B11}$$

利用二项式定理,$(1+\beta x)^{-n+k-m-2}$ 可以表达为

$$(1 + \beta x)^{-n+k-m-2} = \sum_{l=0}^{\infty} (-1)^l \frac{(n-k+m+2+l-1)!}{(n-k+m+1)!l!} (\beta x)^l \quad \text{(B12)}$$

即可得到

$$(1 + \beta x)^{-n+k-2} \exp\left[\mu\beta\left(\frac{x}{1+\beta x}\right)\right] = \sum_{m=0}^{\infty} \frac{\mu^m}{m!} \sum_{l=0}^{\infty} (-1)^l \frac{(n-k+m+l+1)!}{(n-k+m+1)!l!} (\beta x)^{m+l}$$

$$\text{(B13)}$$

进一步定义 $p = m + l$，式(B13)可以表达为

$$(1 + \beta x)^{-n+k-2} \exp\left[\mu\beta\left(\frac{x}{1+\beta x}\right)\right]$$

$$= \sum_{m=0}^{\infty} \frac{\mu^m}{m!} \sum_{p=0}^{\infty} (-1)^p (-1)^m \frac{(n-k+p+1)!}{(n-k+m+1)!(p-m)!} (\beta x)^p \quad \text{(B14)}$$

$$= \sum_{p=0}^{\infty} (-1)^p \sum_{m=0}^{p} (-1)^m \frac{\mu^m}{m!} \frac{(n-k+p+1)!}{(n-k+m+1)!(p-m)!} (\beta x)^p$$

由于 $p = m + l \geqslant m$，m 的求和上限为 p，因此有

$$(1 + \beta x)^{-n+k-2} \exp\left[\mu\beta\left(\frac{x}{1+\beta x}\right)\right] = \sum_{p=0}^{\infty} (-1)^p M_p (\beta x)^p \quad \text{(B15)}$$

其中，

$$M_p = \sum_{m=0}^{p} (-1)^m \frac{(n-k+p+1)!}{(n-k+m+1)!(p-m)!} \frac{\mu^m}{m!} = \sum_{m=0}^{p} (-1)^m \binom{n-k+p+1}{p-m} \frac{\mu^m}{m!}$$

$$\text{(B16)}$$

将式(B14)中的 $k \Rightarrow -k$、$\mu \Rightarrow -\mu$、$x \Rightarrow x^{-1}$，即可得到 $(1 + \beta x^{-1})^{-n-k-2} \exp\left[-\mu\beta\left(\frac{x^{-1}}{1+\beta x^{-1}}\right)\right]$ 的表达式：

$$(1 + \beta x^{-1})^{-n-k-2} \exp\left[-\mu\beta\left(\frac{x^{-1}}{1+\beta x^{-1}}\right)\right] = \sum_{q=0}^{\infty} (-1)^q N_q \beta^q x^{-q} \quad \text{(B17)}$$

其中，

$$N_q = \sum_{m=0}^{q} \frac{(n+k+q+1)!}{(n+k+m+1)!(q-m)!} \frac{\mu^m}{m!} = \sum_{m=0}^{q} \binom{n+k+q+1}{q-m} \frac{\mu^m}{m!}$$

$$\text{(B18)}$$

式(B15)和(B17)的乘积为：

$$(1 + \beta x^{-1})^{-n-k-2} (1 + \beta x)^{-n+k-2} \exp\left[\mu\beta\left(\frac{x}{1+\beta x} - \frac{x^{-1}}{1+\beta x^{-1}}\right)\right] \quad \text{(B19)}$$

$$= \sum_{p=0}^{\infty} \sum_{q=0}^{\infty} (-1)^{p+q} M_p N_q \beta^{p+q} x^{p-q}$$

定义

$$t = p - q, \quad r = p + q$$

于是，$-\infty \leqslant t \leqslant \infty$。因为

$$p = \frac{t + r}{2}, \quad q = \frac{r - t}{2}$$

则 $r \pm t$ 必是偶数，且 $r \geqslant |t|$。因此，r 可以定义为 $r = 2i + |t|$，

$$p = \frac{t + 2i + |t|}{2} = i + \frac{t + |t|}{2}, \quad q = \frac{2i + |t| - t}{2} = i + \frac{|t| - t}{2}$$

则式（B19）的右边就为

$$\sum_{t=-\infty}^{\infty} (-\beta)^{|t|} \sum_{i=0}^{\infty} M_{i+(|t|+t)/2} N_{i+(|t|-t)/2} \beta^{2i} x^t \tag{B20}$$

再乘以 x^{s-k-1}，式（B9）就可以表达为

$$X_k^{n,s} = \frac{1}{2\pi j} \frac{(1-\beta^2)^{2n+3}}{(1+\beta^2)^{n+1}} \oint \sum_{t=-\infty}^{\infty} x^{t+s-k-1} \sum_{i=0}^{\infty} M_{i+(|t|+t)/2} N_{i+(|t|-t)/2} \beta^{2i} (-\beta)^{|t|} \mathrm{d}x \tag{B21}$$

计算该环路积分，就可归结于计算

$$\oint x^{t+s-k-1} \mathrm{d}x \tag{B22}$$

根据复数积分理论，有

$$\oint x^{t+s-k-1} \mathrm{d}x = \begin{cases} 2\pi j, & (t+s-k-1 = -1) \\ 0, & (t+s-k-1 \neq -1) \end{cases} \tag{B23}$$

于是

$$t = k - s \tag{B24}$$

将式（B23）和（B24）代入式（B21），Hansen 系数的表达式就可简化为

$$X_k^{n,s} = \frac{(1-\beta^2)^{2n+3}}{(1+\beta^2)^{n+1}} (-\beta)^{|k-s|} \sum_{i=0}^{\infty} M_{i+(|k-s|+k-s)/2} N_{i+[|k-s|-(k-s)]/2} \beta^{2i} \tag{B25}$$

其中，$M_{i+(|k-s|+k-s)/2}$ 和 $N_{i+[|k-s|-(k-s)]/2}$ 分别根据定义式（B16）和（B18）计算。于是，式（3.36）得证。

式（B16）和（B18）中 M_p 和 N_q，可以利用广义 Laguerre 多项式 $L_p^{(n-k+1)}(\mu)$ 和 $L_q^{(n+k+1)}(-\mu)$ 表达，有

$$M_p = \sum_{m=0}^{p} (-1)^m \begin{vmatrix} n-k+p+1 \\ p-m \end{vmatrix} \frac{\mu^m}{m!} = \mathrm{L}_p^{(n-k+1)}(\mu) \tag{B26}$$

$$N_q = \sum_{m=0}^{q} \begin{vmatrix} n+k+q+1 \\ q-m \end{vmatrix} \frac{\mu^m}{m!} = \mathrm{L}_q^{(n+k+1)}(-\mu)$$

式(B26)中涉及的广义 Laguerre 多项式的定义为:

$$\mathrm{L}_m^{(j)}(x) = \sum_{k=0}^{m} (-1)^k \begin{vmatrix} m+j \\ m-k \end{vmatrix} \frac{x^k}{k!} \tag{B27}$$

将式(B26)代入式(B25),有[5,6]

$$X_k^{n,s} = (1-\beta^2)^{2n+3}(1+\beta^2)^{-(n+1)}(-\beta)^{|k-s|} \sum_{i=0}^{\infty} \mathrm{L}_{i+a}^{(n-k+1)}(\mu)\mathrm{L}_{i+b}^{(n+k+1)}(-\mu)\beta^{2i}$$

$$\tag{B28}$$

其中,

$$\mu = k(1-\beta^2)/(1+\beta^2) = k\sqrt{1-e^2}$$
$$a = [|k-s|+(k-s)]/2 \tag{B29}$$
$$b = [|k-s|-(k-s)]/2$$

于是,式(3.38)得证。

将式(B5)代入式(B3),并利用下列关系

$$\frac{r}{a} = (1+\beta^2)^{-1}(1-\beta y)(1-\beta y^{-1}), \quad x = y\frac{1-\beta y^{-1}}{1-\beta y}, \quad z = y\exp\left[-\frac{e}{2}(y-y^{-1})\right]$$

可以得到 Hansen 系数的另一种表达式

$$X_k^{n,s} = \frac{1}{2\pi\mathrm{j}}\oint y^{s-k-1}(1+\beta^2)^{-(n+1)}(1-\beta y)^{n-s+1}(1-\beta y^{-1})^{n+s+1}\exp\left[\frac{e}{2}k(y-y^{-1})\right]\mathrm{d}y$$

$$= \frac{1}{2\pi\mathrm{j}}\oint y^{s-k-1}(1+\beta^2)^{-(n+1)}(1-\beta y)^{n-s+1}\exp(\nu\beta y)(1-\beta y^{-1})^{n+s+1}\exp(-\nu\beta y^{-1})\mathrm{d}y$$

$$\tag{B30}$$

这里,环路是单位圆 $|y|=1$。式(B30)中,

$$\frac{e}{2}k = \nu\beta, \quad \nu = \frac{k}{1+\beta^2} \tag{B31}$$

将式(B30)中的被积函数,分成为两个因子,即

$$(1-\beta y)^{n-s+1}\exp(\nu\beta y), \quad (1-\beta y^{-1})^{n+s+1}\exp(-\nu\beta y^{-1})$$

这两个因子的具体展开为

$$\exp(\nu\beta y)(1 - \beta y)^{n-s+1} = \sum_{l=0}^{\infty} \frac{(\nu\beta y)^l}{l!} \sum_{m=0}^{\infty} (-1)^m \begin{pmatrix} n-s+1 \\ m \end{pmatrix} \beta^m y^m \quad (B32)$$

$$= \sum_{p=0}^{\infty} (-1)^p \left[\sum_{l=0}^{p} \frac{(-\nu)^l}{l!} \begin{pmatrix} n-s+1 \\ p-l \end{pmatrix} \right] \beta^p y^p = \sum_{p=0}^{\infty} (-1)^p G_p \beta^p y^p$$

$$\exp(-\nu\beta y^{-1})(1 - \beta y^{-1})^{n+s+1} = \sum_{l=0}^{\infty} \frac{(-\nu\beta y^{-1})^l}{l!} \sum_{m=0}^{\infty} (-1)^m \begin{pmatrix} n+s+1 \\ m \end{pmatrix} (\beta y^{-1})^m$$

$$= \sum_{q=0}^{\infty} (-1)^q \sum_{l=0}^{q} \frac{\nu^l}{l!} \begin{pmatrix} n+s+1 \\ q-l \end{pmatrix} \beta^q y^{-q} = \sum_{q=0}^{\infty} (-1)^q H_q \beta^q y^{-q}$$

$$(B33)$$

式(B32)和(B33)中 G_p 和 H_q 的定义为

$$G_p = \sum_{l=0}^{p} \frac{(-\nu)^l}{l!} \begin{pmatrix} n-s+1 \\ p-l \end{pmatrix} \quad (B34)$$

$$H_q = \sum_{l=0}^{q} \frac{\nu^l}{l!} \begin{pmatrix} n+s+1 \\ q-l \end{pmatrix} \quad (B35)$$

于是,由式(B30)有

$$X_k^{n,s} = \frac{1}{2\pi j} \oint y^{s-k-1} (1+\beta^2)^{-(n+1)} \sum_{p=0}^{\infty} (-1)^p G_p \beta^p y^p \sum_{q=0}^{\infty} (-1)^q H_q \beta^q y^{-q} \mathrm{d}y$$

$$= \frac{1}{2\pi j} \oint y^{s-k-1} (1+\beta^2)^{-(n+1)} \sum_{p=0}^{\infty} G_p \sum_{q=0}^{\infty} H_q (-\beta)^{p+q} y^{p-q} \mathrm{d}y \quad (B36)$$

利用类似于式(B25)的证明过程,有

$$X_k^{n,s} = (1+\beta^2)^{-(n+1)} (-\beta)^{|k-s|} \sum_{i=0}^{\infty} G_{i+(|k-s|+k-s)/2} H_{i+[(|k-s|-(k-s)]/2} \beta^{2i} \quad (B37)$$

根据 Laguerre 多项式的定义,有

$$G_p = \sum_{l=0}^{p} \frac{(-\nu)^l}{l!} \begin{pmatrix} n-s+1 \\ p-l \end{pmatrix} = L_p^{(n-s-p+1)}(\nu) \quad (B38)$$

$$H_q = \sum_{l=0}^{q} \frac{\nu^l}{l!} \begin{pmatrix} n+s+1 \\ q-l \end{pmatrix} = L_q^{(n+s-q+1)}(-\nu) \quad (B39)$$

将式(B38)和(B39)代入式(B37),即得[5,6]

$$X_k^{n,s} = (1+\beta^2)^{-(n+1)} (-\beta)^{|k-s|} \sum_{i=0}^{\infty} L_{i+a}^{(n-s-i-a+1)}(\nu) L_{i+b}^{(n+s-i-b+1)}(-\nu) \beta^{2i}$$

$$(B40)$$

其中，

$$\nu = k/(1+\beta^2), \quad a = [\,|\,k-s\,|+(k-s)\,]/2, \quad b = [\,|\,k-s\,|-(k-s)\,]/2$$

$$(B41)$$

于是，式(3.39)得证。

附录 C　Hansen 系数的 Hill 表达式

定义 $z = \exp(jE)$，将下列关系式[7]

$$\exp(jf) = (1-\beta z)^{-1} z\left(1-\frac{\beta}{z}\right)$$

$$\exp(-jM) = z^{-1}\exp\left[\frac{e}{2}\left(z-\frac{1}{z}\right)\right]$$

$$\mathrm{d}M = \frac{1}{jz}\frac{r}{a}\mathrm{d}z$$

$$\frac{r}{a} = (1+\beta^2)^{-1}\left(1-\frac{\beta}{z}\right)(1-\beta z)$$

$$(C1)$$

代入 Hansen 系数的定义表达式

$$X_k^{n,m} = \frac{1}{2\pi}\int_0^{2\pi}\left(\frac{r}{a}\right)^n \exp[j(mf-kM)]\mathrm{d}M \tag{C2}$$

得到环路积分

$$X_k^{n,m} = \frac{1}{2\pi}\oint (1+\beta^2)^{-n-1}\left(1-\frac{\beta}{z}\right)^{n+1}(1-\beta z)^{n+1}$$

$$\times (1-\beta z)^{-m} z^m \left(1-\frac{\beta}{z}\right)^m z^{-k}\exp\left[\frac{ke}{2}\left(z-\frac{1}{z}\right)\right]\frac{1}{jz}\mathrm{d}z$$

$$= \frac{1}{2\pi j}\oint (1+\beta^2)^{-n-1}(1-\beta z)^{n-m+1}\left(1-\frac{\beta}{z}\right)^{n+m+1} z^{m-k-1}\exp\left[\frac{ke}{2}\left(z-\frac{1}{z}\right)\right]\mathrm{d}z$$

$$(C3)$$

这里环路是单位圆 $|z|=1$。

　　将式(C3)的被积函数展开为 z 的幂级数，利用下列关系式[7]

$$(1 - \beta z)^{n-m+1} = \sum_{s=0}^{s_1} \begin{pmatrix} n-m+1 \\ s \end{pmatrix} (-\beta)^s z^s$$

$$\left(1 - \frac{\beta}{z}\right)^{n+m+1} = \sum_{t=0}^{t_1} \begin{pmatrix} n+m+1 \\ t \end{pmatrix} (-\beta)^t z^{-t} \tag{C4}$$

$$s_1 = \begin{cases} n-m+1, & (n-m+1 \geqslant 0) \\ \infty, & (n-m+1 < 0) \end{cases}$$

$$t_1 = \begin{cases} n+m+1, & (n+m+1 \geqslant 0) \\ \infty, & (n+m+1 < 0) \end{cases}$$

$$J_n(x) = \frac{1}{2\pi j} \oint z^{-n-1} \exp\left[\frac{1}{2}x\left(z - \frac{1}{z}\right)\right] \mathrm{d}z \tag{C5}$$

即得

$$X_k^{n,m} = (1+\beta^2)^{-n-1} \sum_{s=0}^{s_1} \sum_{t=0}^{t_1} \begin{pmatrix} n-m+1 \\ s \end{pmatrix} \begin{pmatrix} n+m+1 \\ t \end{pmatrix} (-\beta)^{s+t} J_{k-m-s+t}(ke)$$

$$\tag{C6}$$

此即 Giacaglia 给出的 Hill 表达式(3.19)。

附录 D Fortran 程序

D.1 第 2 章计算方法 Fortran 程序

! --

1) 程序名 XNME

调用方法 CALL XNME (E, NN, XX, YY)

功能 利用式(2.86)计算 $X_0^{n,m}$ 及其导数 $\dfrac{\mathrm{d}X_0^{n,m}}{\mathrm{d}e}$

参数 INPUT E 偏心率

NN 阶次

OUTPUT XX(N, M) $X_0^{n,m}$

YY(N, M) $\dfrac{\mathrm{d}X_0^{n,m}}{\mathrm{d}e}$

$$N = 0, 1, \cdots, NN;\ M = 0, 1, \cdots, N + 1$$

本程序调用二项式系数计算子程序 CJI。

! --

```
SUBROUTINE XNME(E, NN, XX, YY)
IMPLICIT NONE
REAL * 8 E
INTEGER NN
REAL * 8 XX(0 : NN, 0 : NN + 1), YY(0 : NN, 0 : NN + 1)
REAL * 8 EML(0 : NN + NN + NN)
INTEGER N, M
REAL * 8 X, Y
INTEGER L
REAL * 8 C1, C2, C3, C4, C
EML(0) = 1.0D0
DO N = 1, NN + NN + NN
    EML(N) = -E / 2.0D0 * EML(N - 1)
ENDDO
DO N = 0, NN
DO M = 0, N + 1
        X = 0.0D0
        Y = 0.0D0
        DO L = 0, (N + 1 - M) / 2
            CALL CJI(N + 1 + M, M, C1)
            CALL CJI(L + L, L, C2)
            CALL CJI(N + 1 - M, L + L, C3)
            CALL CJI(L + M, M, C4)
            C = C1 * C2 * C3 / C4
            X = X + C * EML(M + L + L)
            Y = Y + C * DBLE(M + L + L) * EML(M + L + L) / 2.0D0 / (E / 2.0D0)
        ENDDO
        XX(N, M) = X
        YY(N, M) = Y
```

```
        ENDDO
    ENDDO
    RETURN
    END SUBROUTINE XNME
```

计算二项式系数子程序 CJI：

```
! ---------------------------------------------------------------------------------------------------------------
    SUBROUTINE CJI(J，I，C)
    IMPLICIT NONE
    INTEGER J，I
    REAL * 8 C
    INTEGER K
    C = 0.0D0
    IF(I .LT. 0) RETURN
    C = 1.0D0
    IF(I .EQ. 0) RETURN
    IF(J .LT. 0) THEN
        J = - J + I - 1
        C = (- 1.0D0) * * I
    ENDIF
    DO K = 1，I
        C = C * DBLE(J - I + K) / DBLE(K)
    ENDDO
    RETURN
    END SUBROUTINE CJI
! ---------------------------------------------------------------------------------------------------------------
```

2）程序名　XNMRECURR

调用方法　CALL XNMRECURR(E，NN，XX，YY)

功能　　利用式(2.88)同时递推 $X_0^{n+1,m}$ 及其导数 $\dfrac{\mathrm{d}X_0^{n+1,m}}{\mathrm{d}e}$

参数　　INPUT　　E　　偏心率

　　　　　　　　　NN　　阶次

　　　　　　　OUTPUT　XX(N + 1，M)　$X_0^{n+1,m}$

$$YY(N + 1, M) \qquad \frac{dX_0^{n+1,m}}{de}$$

$$N = -1, 0, \cdots, NN - 1; M = 0, 1, \cdots, N + 2$$

! --

```
SUBROUTINE XNMRECURR(E, NN, XX, YY)
IMPLICIT NONE
REAL * 8 E
INTEGER NN
REAL * 8 XX(0 : NN, 0 : NN + 1), YY(0 : NN, 0 : NN + 1)
INTEGER N, M
REAL * 8 Y1, Y2, X1, X2, X3
XX(0, 0) = 1.0D0
XX(0, 1) = - E
YY(0, 0) = 0.0D0
YY(0, 1) = - 1.0D0
DO N = 0, NN - 1
    DO M = 0, N + 2
        IF(M .GT. (N + 1)) THEN
            XX(N, M) = 0.0D0
            YY(N, M) = 0.0D0
        ENDIF
        Y1 = XX(N, M)
        Y2 = XX(N, IABS(M - 1))
        X1 = DBLE(N + 2)
        X2 = DBLE(N - M + 2)
        X3 = DBLE(N + M + 1)
        XX(N + 1, M) = (X2 * Y1 - X3 * E * Y2) / X1
        YY(N + 1, M) = (X2 * YY(N, M) - X3 * (E * YY(N, IABS(M - 1)) +
        Y2)) / X1
    ENDDO
ENDDO
RETURN
END SUBROUTINE XNMRECURR
```

! --

3) 程序名 XNMRECURR1

调用方法 CALL XNMRECURR1(E，NN，XX，YY)

功能 利用式(2.90)同时递推摄动计算有用的 $X_0^{n+2,m}$ 及其导数 $\dfrac{\mathrm{d}X_0^{n+2,m}}{\mathrm{d}e}$

参数 INPUT E 偏心率

NN 阶次

OUTPUT XX(N + 2, M) $X_0^{n+2,m}$

YY(N + 2, M) $\dfrac{\mathrm{d}X_0^{n+2,m}}{\mathrm{d}e}$

N = −2，−1，…，NN − 2；M = MOD(N, 2)，MOD(N, 2) + 2，…，N + 2

! --

```
SUBROUTINE XNMRECURR1(E，NN，XX，YY)
IMPLICIT NONE
REAL * 8 E
INTEGER NN
REAL * 8 XX(0：NN, 0：NN + 1)，YY(0：NN, 0：NN + 1)
REAL * 8 X
INTEGER N，K，M
REAL * 8 Y1，Y2，X6，X7，X1，X2，X3，X4，X5
X = 1.0D0 − E * E
XX(0, 0) = 1.0D0
XX(1, 1) = −1.5D0 * E
YY(0, 0) = 0.0D0
YY(1, 1) = −1.5D0
DO N = 0，NN − 2
    K = MOD(N, 2)
    DO M = K，N + 2，2
        IF(M .GT. (N + 1)) THEN
            XX(N, M) = 0.0D0
            YY(N, M) = 0.0D0
        ENDIF
```

```
        Y1 = XX(N, M)

        Y2 = XX(N + 1, IABS(M − 1))

        X6 = DBLE(N + N + 5) / DBLE(N + 3)

        X7 = DBLE(N − M + 2) * DBLE(N − M + 3) / DBLE(N + 2) / DBLE(N + 3)

        X1 = X7 * X

        X2 = X6 * E

        X3 = X1

        X4 = X2

        X5 = X7 * (E + E)

        XX(N + 2, M) = X1 * Y1 − X2 * Y2

        YY(N + 2, M) = X3 * YY(N, M) − X4 * YY(N + 1, IABS(M − 1)) &
            & − X5 * Y1 − X6 * Y2

      ENDDO

    ENDDO

    RETURN

    END SUBROUTINE XNMRECURR1
```

! --

4) 程序名　XRECURR

调用方法　CALL XRECURR(E, NN, XX, YY)

功能　　　利用式(2.54)及其对偏心率的导数,同时递推 $X_0^{-(n+1),m}$ 及其导数 $\dfrac{\mathrm{d}X_0^{-(n+1),m}}{\mathrm{d}e}$

参数　　　INPUT　　E　偏心率

　　　　　　　　　NN　阶次

　　　　　OUTPUT　XX(N + 1, M)　　$X_0^{-(n+1),m}$

　　　　　　　　　YY(N + 1, M)　　$\dfrac{\mathrm{d}X_0^{-(n+1),m}}{\mathrm{d}e}$

　　　　　　　　　N = 1, 2, ···, NN, M = 0, 1, ···, N − 1

! --

```
SUBROUTINE XRECURR(E, NN, XX, YY)

IMPLICIT NONE

REAL * 8 E

INTEGER NN

REAL * 8 XX(NN + 1, 0 : NN), YY(NN + 1, 0 : NN), X
```

```
INTEGER N, M
REAL * 8 Y1, Y2, Y3
X = (1.0D0 - E * E)
XX(2, 0) = 1.0D0 /DSQRT(X)
YY(2, 0) = E /DSQRT(X * *3)
DO N = 2, NN
    DO M = 0, N - 1
        IF(M .GE. N - 1) THEN
            XX(N, M) = 0.0D0
            YY(N, M) = 0.0D0
        ENDIF
        IF((M + 1) .GE. (N - 1)) THEN
            XX(N, M + 1) = 0.0D0
            YY(N, M + 1) = 0.0D0
        ENDIF
        Y1 = XX(N, M)
        Y2 = XX(N, M + 1)
        Y3 = XX(N, IABS(M - 1))
        XX(N + 1, M) = (Y1 + E * (Y2 + Y3) / 2.0D0) / X
        YY(N + 1, M) = (YY(N, M) + 2.0D0 * E * XX(N + 1, M) + 0.5D0 *
            (Y2 + Y3) & & + 0.5D0 * E * (YY(N, M + 1) + YY(N, IABS(M -
            1)))) / X
    ENDDO
ENDDO
RETURN
END SUBROUTINE XRECURR
```

! --

5) 程序名　YNME

调用方法　CALL YNME(E, NN, XXX, YYY)

功能　利用式(2.87)同时计算 $X_0^{-(n+1),m}$ 及其导数 $\dfrac{\mathrm{d}X_0^{-(n+1),m}}{\mathrm{d}e}$

参数　INPUT　E　偏心率

　　　　　　NN　阶次

$$\text{OUTPUT} \quad \text{XX(N + 1, M)} \quad X_0^{-(n+1),m}$$

$$\text{YY(N + 1, M)} \quad \frac{\mathrm{d}X_0^{-(n+1),m}}{\mathrm{d}e}$$

$$N = 1, 2, \cdots, NN; \ M = 0, 1, \cdots, N - 1$$

本程序调用二项式系数计算子程序 CJI。

```
! ----------------------------------------------------------------------------
SUBROUTINE YNME(E, NN, XXX, YYY)
IMPLICIT NONE
REAL * 8 E
INTEGER NN
REAL * 8 XXX(NN + 1, 0 : NN), YYY(NN + 1, 0 : NN)
REAL * 8 EMK(0 : NN + NN + NN)
INTEGER N
REAL * 8 EE, X, Y1, Y2
INTEGER M
REAL * 8 A, B
INTEGER K
REAL * 8 C1, C2, C
XXX = 0.0D0
YYY = 0.0D0
EMK(0) = 1.0D0
DO N = 1, NN + NN + NN
    EMK(N) = E / 2.0D0 * EMK(N - 1)
ENDDO
EE = E * E
X = 1.0D0 - EE
DO N = 0, NN
    Y1 = X * * (-(N - 0.5D0))
    Y2 = (E + E) * (DBLE(N) - 0.5D0) * Y1 / X
    DO M = 0, N - 1
        A = 0.0D0
        B = 0.0D0
        DO K = 0,(N - 1 - M) / 2
```

```
        CALL CJI(N - 1, M + K + K, C1)
        CALL CJI(M + K + K, K, C2)
        C = C1 * C2
        A = A + C * EMK(M + K + K)
        B = B + C * DBLE(M + K + K) / 2.0D0 * EMK(M + K + K) / (E /
            2.0D0)
      ENDDO
      XXX(N + 1, M) = Y1 * A
      YYY(N + 1, M) = Y1 * B + Y2 * A
    ENDDO
  ENDDO
ENDDO
RETURN
END SUBROUTINE YNME
```

! ---

6) 程序名　XRECURR1

调用方法　CALL XRECURR1(E, NN, XX, YY)

功能　利用式(2.89)同时递推 $X_0^{-(n+1),m}$ 及其导数 $\dfrac{\mathrm{d}X_0^{-(n+1),m}}{\mathrm{d}e}$

参数　INPUT　E　偏心率

　　　　　　　NN　阶次

　　　OUTPUT　XX(N + 1, M)　$X_0^{-(n+1),m}$

　　　　　　　YY(N + 1, M)　$\dfrac{\mathrm{d}X_0^{-(n+1),m}}{\mathrm{d}e}$

　　　　　　　N = 1, 2, ⋯, NN; M = 0, 1, ⋯, N - 1

! ---

```
SUBROUTINE XRECURR1(E, NN, XX, YY)
IMPLICIT NONE
REAL * 8 E
INTEGER NN
REAL * 8 XX(NN + 1, 0 : NN), YY(NN + 1, 0 : NN), X
INTEGER N, M
REAL * 8 X1, X2, Y1, Y3
X = (1.0D0 - E * E)
```

XX(2, 0) = 1.0D0 /DSQRT(X)

YY(2, 0) = E /DSQRT(X ∗ ∗3)

DO N = 2, NN

    M = N − 1

    XX(N, M) = 0.0D0

    YY(N, M) = 0.0D0

ENDDO

DO N = 2, NN

    DO M = 0, N − 1

      X1 = DBLE(N + M − 1) / DBLE(N − 1)

      X2 = X ∗ X1

      Y1 = XX(N, M)

      Y3 = XX(N, IABS(M − 1))

      XX(N + 1, M) = (Y1 + E ∗ Y3) / X2

      YY(N + 1, M) = (YY(N, M) + YY(N, IABS(M − 1)) ∗ E &

        & + (E + E) ∗ X1 ∗ XX(N + 1, M) + Y3) / X2

    ENDDO

    ENDDO

RETURN

END SUBROUTINE XRECURR1

! --

7) 程序名　XRECURR2

调用方法　CALL XRECURR2(E, NN, XX, YY)

功能　利用式(2.91)同时递推摄动计算有用的 $X_0^{-(n+1),m}$ 及其导数 $\dfrac{\mathrm{d}X_0^{-(n+1),m}}{\mathrm{d}e}$

参数　INPUT　E　偏心率

             NN　阶次

      OUTPUT　XX(N + 1, M)　$X_0^{-(n+1),m}$

                YY(N + 1, M)　$\dfrac{\mathrm{d}X_0^{-(n+1),m}}{\mathrm{d}e}$

             N = 2, 3, ⋯, NN；M = MOD(N, 2), MOD(N, 2) + 2, ⋯, N − 2

! --

```
SUBROUTINE XRECURR2(E, NN, XX, YY)
IMPLICIT NONE
REAL * 8 E
INTEGER NN
REAL * 8 XX(NN + 1, 0 : NN), YY(NN + 1, 0 : NN), X
INTEGER N, K, M
REAL * 8 X1, X2, Y1, Y3
X = (1.0D0 - E * E)
XX(3, 0) = 1.0D0 /DSQRT(X * * 3)
YY(3, 0) = 3.0D0 * E /DSQRT(X * * 5)
DO N = 2, NN
    M = N - 1
    XX(N, M) = 0.0D0
    YY(N, M) = 0.0D0
ENDDO
DO N = 3, NN
    K = MOD(N, 2)
    DO M = K, N - 2, 2
        X1 = DBLE(N + M - 1) * DBLE(N + M - 2) / DBLE(N - 1)
        X2 = X * X1
        Y1 = DBLE(N - 2) * XX(N - 1, M)
        Y3 = DBLE(N + N - 3) * XX(N, IABS(M - 1))
        XX(N + 1, M) = (Y1 + E * Y3) / X2
        YY(N + 1, M) = (DBLE(N - 2) * YY(N - 1, M) &
            & + DBLE(N + N - 3) * E * YY(N, IABS(M - 1)) &
            & + (E + E) * X1 * XX(N + 1, M) + Y3) / X2
    ENDDO
ENDDO
RETURN
END SUBROUTINE XRECURR2
```

! --

8) 程序名　XNME2

调用方法　CALL XNME2(E，NN，XX，YY)

功能　　　利用式(2.95)同时计算 $Y_0^{n,m}$ 及其导数 $\dfrac{\mathrm{d}Y_0^{n,m}}{\mathrm{d}e^2}$

参数　　　INPUT　　E　偏心率

　　　　　　　　　　NN　阶次

　　　　　　OUTPUT　XX(N，M)　$Y_0^{n,m}$

　　　　　　　　　　YY(N，M)　$\dfrac{\mathrm{d}Y_0^{n,m}}{\mathrm{d}e^2}$

　　　　　　　　　　N = 0，1，…，NN；M = 0，1，…，N + 1

本程序调用二项式系数计算子程序 CJI。

! ---

```
SUBROUTINE XNME2(E，NN，XX，YY)
IMPLICIT NONE
REAL * 8 E
INTEGER NN
REAL * 8 XX(0 : NN, 0 : NN + 1), YY(0 : NN, 0 : NN + 1)
REAL * 8 HALF(0 : NN + NN)
INTEGER N
REAL * 8 E2, E2N(0 : NN)
INTEGER M
REAL * 8 X, Y
INTEGER L
REAL * 8 C1, C2, C3, C4, C
HALF(0) = 1.0D0
DO N = 1, NN + NN
    HALF(N) = -0.5D0 * HALF(N - 1)
ENDDO
E2 = E * E
E2N(0) = 1.0D0
DO N = 1, NN
    E2N(N) = E2N(N - 1) * E2
ENDDO
DO N = 0, NN
```

```
        DO M = 0, N + 1
            X = 0.0D0
            Y = 0.0D0
            DO L = 0, (N + 1 - M) / 2
                CALL CJI(N + 1 + M, M, C1)
                CALL CJI(L + L, L, C2)
                CALL CJI(N + 1 - M, L + L, C3)
                CALL CJI(L + M, M, C4)
                C = C1 * C2 * C3 / C4
                X = X + C * HALF(M + L + L) * E2N(L)
                Y = Y + C * DBLE(L) * HALF(M + L + L) * E2N(L) / E2
            ENDDO
            XX(N, M) = X
            YY(N, M) = Y
        ENDDO
    ENDDO
    RETURN
    END SUBROUTINE XNME2
```

! --

9) 程序名　　XNMRECURR12

调用方法　　CALL XNMRECURR12(E, NN, XX, YY)

功能　　　　利用式(2.98)同时递推 $Y_0^{n+1,m}$ 及其导数 $\dfrac{\mathrm{d}Y_0^{n+1,m}}{\mathrm{d}e^2}$

参数　　　　INPUT　　E　　偏心率

　　　　　　　　　　NN　　阶次

　　　　　　OUTPUT　XX(N + 1, M)　　$Y_0^{n+1,m}$

　　　　　　　　　　YY(N + 1, M)　　$\dfrac{\mathrm{d}Y_0^{n+1,m}}{\mathrm{d}e^2}$

　　　　　　　　　　N = -1, 0, ⋯, NN - 1; M = 0, 1, ⋯, N + 2

! --

```
    SUBROUTINE XNMRECURR12(E, NN, XX, YY)
    IMPLICIT NONE
    REAL * 8 E
```

```fortran
INTEGER NN
REAL * 8 XX(0 : NN, 0 : NN + 1), YY(0 : NN, 0 : NN + 1), E2
INTEGER N, M
REAL * 8 X1, X2, Y1, Y2
E2 = E * E
XX(0, 0) = 1.0D0
XX(0, 1) = -1.0D0
YY(0, 0) = 0.0D0
YY(0, 1) = 0.0D0
DO N = 0, NN - 1
    DO M = 0, N + 2
        IF(M .GT. (N + 1)) THEN
            XX(N, M) = 0.0D0
            YY(N, M) = 0.0D0
        ENDIF
        Y1 = XX(N, M)
        Y2 = XX(N,IABS(M - 1))
        IF(M .EQ. 0) THEN
            X1 = DBLE(N + 1) / DBLE(N + 2)
            XX(N + 1, M) = Y1 - X1 * E2 * Y2
            YY(N + 1, M) = YY(N, M) - X1 * (E2 * YY(N,IABS(M - 1)) + Y2)
        ELSE
            X1 = DBLE(N - M + 2) / DBLE(N + 2)
            X2 = DBLE(N + M + 1) / DBLE(N + 2)
            XX(N + 1, M) = X1 * Y1 - X2 * Y2
            YY(N + 1, M) = X1 * YY(N, M) - X2 * YY(N,IABS(M - 1))
        ENDIF
    ENDDO
ENDDO
RETURN
END SUBROUTINE XNMRECURR12
! ---------------------------------------------------------------
```

10）程序名　　XNMRECURR2

调用方法　　CALL XNMRECURR2(E，NN，XX，YY)

功能　　　　利用式(2.100)同时递推摄动计算中所用的 $Y_0^{n+2,m}$ 及其导数 $\dfrac{\mathrm{d} Y_0^{n+2,m}}{\mathrm{d} e^2}$

参数　　　　INPUT　　E　　偏心率

　　　　　　　　　　NN　　　　阶次

　　　　　　OUTPUT　XX(N + 2，M)　$Y_0^{n+2,m}$

　　　　　　　　　　YY(N + 2，M)　$\dfrac{\mathrm{d} Y_0^{n+2,m}}{\mathrm{d} e^2}$

　　　　　　　　　　N = -2，-1，…，NN - 2；M = MOD(N，2)，MOD(N，2) + 2，…，N + 2

! --

```fortran
SUBROUTINE XNMRECURR2(E，NN，XX，YY)
IMPLICIT NONE
REAL * 8 E
INTEGER NN
REAL * 8 XX(0 : NN，0 : NN + 1)，YY(0 : NN，0 : NN + 1)，E2，X
INTEGER N，K，M
REAL * 8 Y1，Y2，X1，X2
E2 = E * E
X = 1.0D0 - E2
XX(0，0) = 1.0D0
XX(1，1) = -1.5D0
YY(0，0) = 0.0D0
YY(1，1) = 0.0D0
DO N = 0，NN - 2
    K = MOD(N，2)
    DO M = K，N + 2，2
        IF(M .GT. N + 1) THEN
            XX(N，M) = 0.0D0
            YY(N，M) = 0.0D0
        ENDIF
        Y1 = XX(N，M)
```

```
        Y2 = XX(N + 1,IABS(M − 1))
    IF(M .EQ. 0) THEN
        X1 = DBLE(N + N + 5) / DBLE(N + 3)
        XX(N + 2, M) = X * Y1 − X1 * E2 * Y2
        YY(N + 2, M) = X * YY(N, M) − Y1 &
            & − X1 * (E2 * YY(N + 1,IABS(M − 1)) + Y2)
    ELSE
        X1 = DBLE(N − M + 2) * DBLE(N − M + 3) / DBLE(N + 2) / DBLE
            (N + 3)
        X2 = DBLE(N + N + 5) / DBLE(N + 3)
        XX(N + 2, M) = X1 * X * Y1 − X2 * Y2
        YY (N + 2, M) = X1 * (X * YY(N, M) − Y1) − X2 * YY(N + 1,
            IABS(M − 1))
    ENDIF
    ENDDO
ENDDO
RETURN
END SUBROUTINE XNMRECURR2
```

! --

11) 程序名　YRECURR

调用方法　　CALL YRECURR(E, NN, XX, YY)

功能　　　　利用文献[8]中的式(7.16)同时递推 $Y_0^{-(n+1),m}$ 及其导数 $\dfrac{\mathrm{d}Y_0^{-(n+1),m}}{\mathrm{d}e^2}$

参数　　　　INPUT　　E　　偏心率

　　　　　　　　　　NN　阶次

　　　　　　OUTPUT　XX(N + 1, M)　$Y_0^{-(n+1),m}$

　　　　　　　　　　YY(N + 1, M)　$\dfrac{\mathrm{d}Y_0^{-(n+1),m}}{\mathrm{d}e^2}$

　　　　　　　　　　N = 1, 2, ⋯, NN; M = 0, 1, ⋯, N − 1

! --

```
SUBROUTINE YRECURR(E, NN, XX, YY)
IMPLICIT NONE
REAL * 8 E
```

```
INTEGER NN
REAL * 8 XX(NN + 1, 0 : NN), YY(NN + 1, 0 : NN), E2, X
INTEGER N, M
REAL * 8 Y1, Y2, Y3
E2 = E * E
X = (1.0D0 - E2)
XX(2, 0) = 1.0D0 /DSQRT(X)
YY(2, 0) = 0.5D0 /DSQRT(X * * 3)
DO N = 2, NN
    DO M = 0, N - 1
        IF(M .GE. (N - 1)) THEN
            XX(N, M) = 0.0D0
            YY(N, M) = 0.0D0
        ENDIF
        IF((M + 1) .GE. (N - 1)) THEN
            XX(N, M + 1) = 0.0D0
            YY(N, M + 1) = 0.0D0
        ENDIF
        Y1 = XX(N, M)
        Y2 = XX(N, M + 1)
        Y3 = XX(N, IABS(M - 1))
        IF(M .EQ. 0) THEN
            XX(N + 1, M) = (Y1 + E2 * Y2) / X
            YY (N + 1, M) = (YY(N, M) + E2 * YY(N, M + 1) + Y2 + XX(N
                + 1, M)) / X
        ELSE
            XX(N + 1, M) = (Y1 + (E2 * Y2 + Y3) / 2.0D0) / X
            YY(N + 1, M) = (XX(N + 1, M) + YY(N, M) &
                & + 0.5D0 * (Y2 + E2 * YY(N, M + 1) + YY(N, M - 1))) / X
        ENDIF
    ENDDO
ENDDO
```

RETURN

END SUBROUTINE YRECURR

! ---

12) 程序名 YNME1

调用方法　CALL YNME1(E，NN，XXX，YYY)

功能　　　利用式(2.96)同时计算 $Y_0^{-(n+1),m}$ 及其导数 $\dfrac{\mathrm{d}Y_0^{-(n+1),m}}{\mathrm{d}e^2}$

参数　　　INPUT　　E　偏心率

　　　　　　　　　　NN　阶次

　　　　　　OUTPUT　XX(N + 1, M)　$Y_0^{-(n+1),m}$

　　　　　　　　　　YY(N + 1, M)　$\dfrac{\mathrm{d}Y_0^{-(n+1),m}}{\mathrm{d}e^2}$

　　　　　　　　　　N = 1, 2, ⋯, NN；M = 0, 1, ⋯, N − 1

本程序调用二项式系数计算子程序 CJI。

! ---

```
SUBROUTINE YNME1(E，NN，XXX，YYY)
IMPLICIT NONE
REAL * 8 E
INTEGER NN
REAL * 8 XXX(NN + 1, 0 : NN), YYY(NN + 1, 0 : NN)
REAL * 8 EE, EMK(0 : NN), HALF(0 : NN)
INTEGER N
REAL * 8 X, Y1, Y2
INTEGER M
REAL * 8 A, B
INTEGER K
REAL * 8 C1, C2, C
XXX = 0.0D0
YYY = 0.0D0
EE = E * E
EMK(0) = 1.0D0
HALF(0) = 1.0D0
DO N = 1, NN
```

```
         EMK(N) = EE / 4.0D0 * EMK(N - 1)
         HALF(N) = 0.5D0 * HALF(N - 1)
      ENDDO
      X = 1.0D0 - EE
      DO N = 1, NN
         Y1 = X ** (-(N - 0.5D0))
         Y2 = (DBLE(N) - 0.5D0) * Y1 / X
         DO M = 0, N - 1
            A = 0.0D0
            B = 0.0D0
            DO K = 0, (N - 1 - M) / 2
               CALL CJI(N - 1, M + K + K, C1)
               CALL CJI(M + K + K, K, C2)
               C = C1 * C2
               A = A + C * EMK(K)
               IF(K .NE. 0) B = B + C * DBLE(K) / 4.0D0 * EMK(K - 1)
            ENDDO
            XXX(N + 1, M) = Y1 * A * HALF(M)
            YYY(N + 1, M) = (Y1 * B + Y2 * A) * HALF(M)
         ENDDO
      ENDDO
      RETURN
      END SUBROUTINE YNME1
```

! --

13) 程序名　YRECURR1

调用方法　CALL YRECURR1(E, NN, XX, YY)

功能　　利用式(2.99)同时递推 $Y_0^{-(n+1),m}$ 及其导数 $\dfrac{\mathrm{d}Y_0^{-(n+1),m}}{\mathrm{d}e^2}$

参数　　INPUT　　E　偏心率

　　　　　　　　NN　阶次

　　　　　　OUTPUT　XX(N + 1, M)　$Y_0^{-(n+1),m}$

　　　　　　　　　　YY(N + 1, M)　$\dfrac{\mathrm{d}Y_0^{-(n+1),m}}{\mathrm{d}e^2}$

$$N = 1, 2, \cdots, NN; M = 0, 1, \cdots, N - 1$$

! --

```fortran
SUBROUTINE YRECURR1(E, NN, XX, YY)
IMPLICIT NONE
REAL * 8 E
INTEGER NN
REAL * 8 XX(NN + 1, 0 : NN), YY(NN + 1, 0 : NN), E2, X
INTEGER N, M
REAL * 8 Y1, Y3, X1
E2 = E * E
X = (1.0D0 - E2)
XX(2, 0) = 1.0D0 /DSQRT(X)
YY(2, 0) = 0.5D0 /DSQRT(X * * 3)
DO N = 2, NN
    M = N - 1
    XX(N, M) = 0.0D0
    YY(N, M) = 0.0D0
ENDDO
DO N = 2, NN
    DO M = 0, N - 1
        Y1 = XX(N, M)
        Y3 = XX(N,IABS(M - 1))
        X1 = DBLE(N - 1) / DBLE(N + M - 1)
        IF(M .EQ. 0) THEN
            XX(N + 1, M) = (Y1 + E2 * Y3) / X
            YY(N + 1, M) = (YY(N, M) + E2 * YY(N,IABS(M - 1)) + Y3 &
                & + XX(N + 1, M)) / X
        ELSE
            XX(N + 1, M) = (Y1 + Y3) * X1 / X
            YY (N + 1, M) = ((YY(N, M) + YY(N, M - 1)) * X1 + XX(N + 1, &
                M)) / X
        ENDIF
```

```
        ENDDO
    ENDDO
    RETURN
    END SUBROUTINE YRECURR1
```

! --

14) 程序名　　YRECURR2

调用方法　　CALL YRECURR2(E, NN, XX, YY)

功能　　　　利用式(2.101)同时递推摄动计算中所用的 $Y_0^{-(n+1),m}$ 及其导数 $\dfrac{dY_0^{-(n+1),m}}{de^2}$

参数　　　　INPUT　　E　　偏心率

　　　　　　　　　　NN　　阶次

　　　　　　OUTPUT　　XX(N + 1, M)　　$Y_0^{-(n+1),m}$

　　　　　　　　　　YY(N + 1, M)　　$\dfrac{dY_0^{-(n+1),m}}{de^2}$

　　　　　　　　　　N = 2, 3, ⋯, NN; M = MOD(N, 2), MOD(N, 2) + 2, ⋯, N − 2

! --

```
    SUBROUTINE YRECURR2(E, NN, XX, YY)
    IMPLICIT NONE
    REAL * 8 E
    INTEGER NN
    REAL * 8 XX(NN + 1, 0 : NN ), YY(NN + 1, 0 : NN), E2, X
    INTEGER N, K, M
    REAL * 8 Y1, Y3, X1
    E2 = E * E
    X = (1.0D0 − E2)
    XX(3, 0) = 1.0D0 /DSQRT(X * * 3)
    YY(3, 0) = 1.5D0 /DSQRT(X * * 5)
    DO N = 2, NN
        M = N −1
        XX(N, M) = 0.0D0
        YY(N, M) = 0.0D0
    ENDDO
```

```
DO N = 3, NN
    K = MOD(N, 2)
DO M = K, N - 2, 2
        Y1 = DBLE(N + N - 3) * XX(N, IABS(M - 1))
        Y3 = DBLE(N - 2) * XX(N - 1, M)
        X1 = DBLE(N - 1) / DBLE(N + M - 1) / DBLE(N + M - 2)
        IF(M .EQ. 0) THEN
            XX(N + 1, M) = (Y1 * E2 + Y3) /DBLE(N - 2) / X
            YY(N + 1, M) = (DBLE(N + N - 3) / DBLE(N - 2) &
            & * (E2 * YY(N,IABS(M - 1)) + XX(N, IABS(M - 1))) &
            & + YY(N - 1, M) + XX(N + 1, M)) / X
        ELSE
            XX(N + 1, M) = X1 * (Y1 + Y3) / X
            YY(N + 1, M) = ((DBLE(N + N - 3) * YY(N, M - 1) &
            & + DBLE(N - 2) * YY(N - 1, M)) * X1 + XX(N + 1, M)) / X
        ENDIF
    ENDDO
ENDDO
RETURN
END SUBROUTINE YRECURR2
```

! --

15) 程序名　ZRECURR

调用方法　CALL ZRECURR(E, NN, XX, YY)

功能　　　利用式(2.103)和(2.105)同时递推 $Y_0^{-(n+1),m}$ 及其导数 $\dfrac{\mathrm{d}Y_0^{-(n+1),m}}{\mathrm{d}e^2}$

参数　　　INPUT　　E　偏心率

　　　　　　　　　　NN　阶次

　　　　　　　OUTPUT　XX(N + 1, M)　$Y_0^{-(n+1),m}$

　　　　　　　　　　　YY(N + 1, M)　$\dfrac{\mathrm{d}Y_0^{-(n+1),m}}{\mathrm{d}e^2}$

　　　　　　　　　　　N = 1, 2, …, NN; M = 0, 1, …, N - 1

! --

SUBROUTINE ZRECURR(E, NN, XX, YY)

```
IMPLICIT NONE
REAL * 8 E
INTEGER NN
REAL * 8 XX(NN + 1, 0 : NN), YY(NN + 1, 0 : NN), E2, X
INTEGER N, M
REAL * 8 X1, Y1, Y3, X2
E2 = E * E
X = (1.0D0 - E2)
XX(2, 0) = 1.0D0
YY(2, 0) = 0.0D0
DO N = 2, NN
    M = N - 1
    XX(N, M) = 0.0D0
    YY(N, M) = 0.0D0
ENDDO
DO N = 2, NN
    DO M = 0, N - 1
        X1 = DBLE(N + M - 1) / DBLE(N - 1)
        Y1 = XX(N, M)
        Y3 = XX(N, IABS(M - 1))
        IF(M .EQ. 0) THEN
            XX(N + 1, M) = Y1 + E2 * Y3
            YY(N + 1, M) = YY(N, M) + E2 * YY(N, IABS(M - 1)) + Y3
        ELSE
            XX(N + 1, M) = (Y1 + Y3) / X1
            YY(N + 1, M) = (YY(N, M) + YY(N, IABS(M - 1))) / X1
        ENDIF
    ENDDO
ENDDO
DO N = 1, NN
    X1 = X ** (-(N - 0.5D0))
    X2 = X1 / X
```

```
    DO M = 0, N - 1
        YY(N + 1, M) = X1 * YY(N + 1, M) + X2 * (DBLE(N) - 0.5D0) * XX
            (N + 1, M)
        XX(N + 1, M) = X1 * XX(N + 1, M)
    ENDDO
ENDDO
RETURN
END SUBROUTINE ZRECURR
```

! --

16) 程序名　　ZRECURR1

调用方法　　CALL ZRECURR1(E, NN, XX, YY)

功能　　　　利用式（2.104）和（2.105）同时递推摄动计算中所用的 $Y_0^{-(n+1),m}$ 及其导

数 $\dfrac{\mathrm{d}Y_0^{-(n+1),m}}{\mathrm{d}e^2}$

参数　　　　INPUT　　E　　偏心率

　　　　　　　　　　NN　　阶次

　　　　　　OUTPUT　XX(N + 1, M)　$Y_0^{-(n+1),m}$

　　　　　　　　　　YY(N + 1, M)　$\dfrac{\mathrm{d}Y_0^{-(n+1),m}}{\mathrm{d}e^2}$

　　　　　　　　　　N = 2, 3, ⋯, NN; M = MOD(N, 2), MOD(N, 2) + 2, ⋯, N
　　　　　　　　　　- 2

! --

```
SUBROUTINE ZRECURR1(E, NN, XX, YY)
IMPLICIT NONE
REAL * 8 E
INTEGER NN
REAL * 8 XX(NN + 1, 0 : NN), YY(NN + 1, 0 : NN), E2, X
INTEGER N, K, M
REAL * 8 X1, X2, X3, X4, Y1, Y3
E2 = E * E
X = (1.0D0 - E2)
XX(3, 0) = 1.0D0
YY(3, 0) = 0.0D0
```

```
DO N = 2, NN
    M = N - 1
    XX(N, M) = 0.0D0
    YY(N, M) = 0.0D0
ENDDO
DO N = 3, NN
    K = MOD(N, 2)
    DO M = K, N - 2, 2
        X1 = DBLE(N + N - 3) / DBLE(N - 2)
        X2 = X1 * E2
        X3 = DBLE(N - 1) / DBLE(N + M - 1) / DBLE(N + M - 2)
        X4 = DBLE(N - 2) * X
        Y1 = XX(N - 1, M)
        Y3 = XX(N, IABS(M - 1))
        IF(M .EQ. 0) THEN
            XX(N + 1, M) = X * Y1 + X2 * Y3
            YY(N + 1, M) = X * YY(N - 1, M) &
                & - Y1 + X1 * (E2 * YY(N, IABS(M - 1)) + Y3)
        ELSE
            XX(N + 1, M) = X3 * (DBLE(N + N - 3) * Y3 + X4 * Y1)
            YY(N + 1, M) = X3 * (DBLE(N + N - 3) * YY(N, IABS(M - 1)) &
                & + X4 * YY(N - 1, M) - DBLE(N - 2) * Y1)
        ENDIF
    ENDDO
ENDDO
DO N = 2, NN
    X1 = X ** (-(N - 0.5D0))
    X2 = X1 / X
    K = MOD(N, 2)
    DO M = K, N - 2, 2
        YY(N + 1, M) = X1 * YY(N + 1, M) &
            & + X2 * (DBLE(N) - 0.5D0) * XX(N + 1, M)
```

```
    XX(N + 1, M) = X1 * XX(N + 1, M)
  ENDDO
ENDDO
RETURN
END SUBROUTINE ZRECURR1
```

D.2 第 3 章计算方法 Fortran 程序

! ---

1) 程序名   WNUK2

调用方法   CALL WNUK2(N, M, K, E, X, DX)

功能   利用式(3.87)和(3.74b)计算 Hansen 系数 $X_k^{n,m}$ 及其导数 $\dfrac{\mathrm{d}X_k^{n,m}}{\mathrm{d}e}$

参数   INPUT   E   偏心率

N, M, K   阶次

OUTPUT   X $X_k^{n,m}$

DX $\dfrac{\mathrm{d}X_k^{n,m}}{\mathrm{d}e}$

调用子程序 WNUK1。

! ---

```
SUBROUTINE WNUK2(N, M, K, E, X, DX)
IMPLICIT NONE
INTEGER N, M, K
REAL * 8 E, X, DX
REAL * 8 E1, XNMK1, XNMK2
E1 = 1.0D0 - E * E
CALL WNUK1(N, M, K, E, X)
CALL WNUK1(N, M - 1, K, E, XNMK1)
CALL WNUK1(N, M - 2, K, E, XNMK2)
DX = (-(DBLE(2 * M) + DBLE((N + M)) * E * E &
   & - DBLE(2 * K) * E1 * DSQRT(E1)) * X &
   & - DBLE((2 * N + 4 * M)) * E * XNMK1 &
   & - DBLE((N + M)) * E * E * XNMK2) / 2.0D0 / E / E1
```

RETURN

END SUBROUTINE WNUK2

! ---

2) 程序名　WNUK

调用方法　CALL WNUK(N, M, K, E, X, DX)

功能　　　利用式(3.87)和(3.88)计算 Hansen 系数 $X_k^{n,m}$ 及其导数 $\dfrac{\mathrm{d}X_k^{n,m}}{\mathrm{d}e}$

参数　　　INPUT　　E　　　　偏心率

　　　　　　　　　N, M, K　指标

　　　　　OUTPUT　X　　　　$X_k^{n,m}$

　　　　　　　　　DX　　　　$\dfrac{\mathrm{d}X_k^{n,m}}{\mathrm{d}e}$

调用子程序 BESSEL 和 CJI。

! ---

SUBROUTINE WNUK(N, M, K, E, X, DX)

IMPLICIT NONE

INTEGER N, M, K

REAL * 8 E, X, DX

REAL * 8 BETA, B2, DBDE, JN(-71 : 71)

INTEGER T, Q, S

REAL * 8 C1, C2, C, DCDB, DCDE, DJDE

BETA = E / (1.0D0 + DSQRT(1.0D0 - E * E))

B2 = BETA * BETA

DBDE = (1.0D0 + B2) * * 2 / (1.0D0 - B2) / 2.0D0

CALL BESSEL(71, DBLE(K) * E, JN)

X = 0.0D0

DX = 0.0D0

DO T = -70, 70

　　Q = K - T - M

　　DO S = 0, 70

　　　　IF(Q .GE. 0) THEN

　　　　　　CALL CJI(N - M + 1, Q + S, C1)

　　　　　　CALL CJI(N + M + 1, S, C2)

```
    ELSE

        CALL CJI(N + M + 1, -Q + S, C1)

        CALL CJI(N - M + 1, S, C2)

    ENDIF

    C = (-1.0D0) ** ABS(Q) * C1 * C2 * (1.0D0 + B2) ** (-(N + 1)) &
        & * BETA ** (S + S + ABS(Q))

    DCDB = C * (-2.0D0 * BETA * (DBLE(N) + 1.0D0) / (1.0D0 + B2) &
        & + (DBLE(S) + DBLE(S) + DBLE(ABS(Q))) / BETA)

    DCDE = DCDB * DBDE

    DJDE = (JN(T - 1) - JN(T + 1)) / 2.0D0

    X = X + C * JN(T)

    DX = DX + DCDE * JN(T) + C * DBLE(K) * DJDE

        ENDDO

    ENDDO

    RETURN

    END SUBROUTINE WNUK
```

! --

```
子程序      BESSEL

调用方法    CALL BESSEL(N, X, JN)

功能        计算 BESSEL 函数

参数        INPUT    X   参数

                     N   阶

            OUTPUT  JN(-N : N)   Bessel 函数
```

! --

```
SUBROUTINE BESSEL(N, X, JN)

IMPLICIT NONE

INTEGER N

REAL * 8 X, JN(-N : N)

REAL * 8 PI, X2, X3, X4, A, B, Y

INTEGER K

REAL * 8 P(N + N + 1)

INTEGER S
```

```
PI = 3.1415926535897932384626443D0
X2 = X * X
IF(DABS(X) .GE. 20.0D0) THEN
    X3 = X * X2
    X4 = X2 * X2
    A = 1.0D0 − 0.0625D0 / X2 + 53.0D0 / 512.0D0 / X4
    B = −0.125D0 / DABS(X) + 25.0D0 / 384.0D0 / DABS(X3)
    JN(0) = DSQRT(2.0D0 / PI / DABS(X)) * A * DCOS(DABS(X) − PI / 4.0D0 + B)
ELSE
    A = 1.0D0
    Y = 0.0D0
    K = 1
    DO WHILE(DABS(A) .GE. 1.0D − 15)
        Y = Y + A
        A = A * (−0.25D0 * X2) / DBLE(K) / DBLE(K)
        K = K + 1
    ENDDO
    JN(0) = Y
ENDIF
P(N + N + 1) = 0.0D0
DO S = N + N, 1, −1
    IF(X .EQ. 0.0D0) THEN
        P(S) = 0.0D0
    ELSE
        P(S) = 1.0D0 / (DBLE(S + S) / X − P(S + 1))
    ENDIF
ENDDO
DO S = 1, N
    JN(S) = JN(S − 1) * P(S)
    JN(−S) = (−1.0D0) * * S * JN(S)
ENDDO
RETURN
```

END SUBROUTINE BESSEL

! --

子程序　　CJI

调用方法　CALL CJI(J，I，C)

功能　　　计算二项式系数 $\begin{pmatrix} j \\ i \end{pmatrix}$

参数　　　INPUT　　J，I　　参数

　　　　　OUTPUT　C　　$\begin{pmatrix} j \\ i \end{pmatrix}$

! --

SUBROUTINE CJI(J，I，C)

IMPLICIT NONE

INTEGER J，I

REAL * 8 C

INTEGER K

C = 0.0D0

IF(I .LT. 0) RETURN

C = 1.0D0

IF(I .EQ. 0) RETURN

IF(J .LT. 0) THEN

　　J = -J + I - 1

　　C = (-1.0D0) * * I

ENDIF

DO K = 1, I

　　C = C * DBLE(J - I + K) / DBLE(K)

ENDDO

RETURN

END SUBROUTINE CJI

! --

3) 程序名　WNUK1

调用方法　CALL WNUK1(N, M, K, E, X)

功能　　　利用式(3.87)计算 Hansen 系数 $X_k^{n,m}$

参数   INPUT   E   偏心率

                           N，M，K   指标

              OUTPUT   X $X_k^{n,m}$

调用子程序 BESSEL 和 CJI。

! ---

```
SUBROUTINE WNUK1(N，M，K，E，X)
IMPLICIT NONE
INTEGER N，M，K
REAL * 8 E，X
REAL * 8 BETA，B2，JN(-70：70)
INTEGER T，Q，S
REAL * 8 C1，C2，C
BETA = E / (1.0D0 + DSQRT(1.0D0 - E * E))
B2 = BETA * BETA
CALL BESSEL(70，DBLE(K) * E，JN)
X = 0.0D0
DO T = -70，70
    Q = K - T - M
    DO S = 0，70
        IF(Q .GE. 0) THEN
            CALL CJI(N - M + 1，Q + S，C1)
            CALL CJI(N + M + 1，S，C2)
        ELSE
            CALL CJI(N + M + 1，-Q + S，C1)
            CALL CJI(N - M + 1，S，C2)
        ENDIF
        C = (-1.0D0) * * ABS(Q) * C1 * C2 * (1.0D0 + B2) * * (-(N + 1)) &
        & * BETA * * (S + S + ABS(Q))
        X = X + C * JN(T)
    ENDDO
ENDDO
RETURN
```

END SUBROUTINE WNUK1

! --

4）程序名　MCCLAIN2

调用方法　CALL MCCLAIN2（N，S，T，E，X，DXDE）

功能　　　利用式（3.39）计算 Hansen 系数 $X_t^{n,s}$ 及其导数 $\dfrac{\mathrm{d}X_t^{n,s}}{\mathrm{d}e}$

参数　　　INPUT　　E　　　偏心率

　　　　　　　　　　N，S，T　阶次

　　　　　OUTPUT　X　　　$X_t^{n,s}$

　　　　　　　　　DXDE　　$\dfrac{\mathrm{d}X_t^{n,s}}{\mathrm{d}e}$

调用子程序 LAGUERRE。

! --

SUBROUTINE MCCLAIN2(N，S，T，E，XX，DXDE)

IMPLICIT NONE

INTEGER N，S，T

REAL * 8 E，XX，DXDE

REAL * 8 BETA，B2，X，DXDB2，AA，DADB2

INTEGER NN，NNN，A，B

REAL * 8 KX，DX

INTEGER I，ALPHA

REAL * 8 LAQUA(-1：200)，DLAQUA(-1：200)，LAQUB(-1：200)，DLAQUB(-1：200)

REAL * 8 BETA2I，DLDX，HALF，ETS，DKDE2，DKDE

BETA = E / (1.0D0 + DSQRT(1.0D0 - E * E))

B2 = BETA * BETA

X = DBLE(T) / (1.0D0 + B2)

DXDB2 = -DBLE(T) / (1.0D0 + B2) / (1.0D0 + B2)

AA = (1.0D0 + B2) * * (-(N + 1) + ABS(T - S))

DADB2 = DBLE(-(N + 1) + ABS(T - S)) * AA / (1.0D0 + B2)

NN = 70

NNN = NN + ABS(T - S)

A = (ABS(T - S) + (T - S)) / 2

B = (ABS(T - S) - (T - S)) / 2

KX = 0.0D0

DX = 0.0D0

DO I = NN, 0, -1

    ALPHA = N - S - I - A + 1

    CALL LAGUERRE(NNN, ALPHA, X, LAQUA)

    CALL LAGUERRE(NNN, ALPHA + 1, X, DLAQUA)

    ALPHA = N + S - I - B + 1

    CALL LAGUERRE(NNN, ALPHA, -X, LAQUB)

    CALL LAGUERRE(NNN, ALPHA + 1, -X, DLAQUB)

    BETA2I = BETA ** (I + I)

    KX = KX + LAQUA(I + A) * LAQUB(I + B) * BETA2I

    DLDX = LAQUA(I + A) * DLAQUB(I + B - 1) - DLAQUA(I + A - 1) *

LAQUB(I + B)

    DX = DX + DLDX * DXDB2 * BETA2I + DBLE(I) * LAQUA(I + A) *

LAQUB(I + B) &

        & * BETA ** (I + I - 2)

ENDDO

HALF = (-0.5D0) ** ABS(T - S)

ETS = E ** ABS(T - S)

XX = KX * AA * HALF * ETS

DKDE2 = (KX * DADB2 + DX * AA) * HALF * ETS * (1.0D0 + B2) ** 3 /

(1.0D0 - B2) / 4.0D0

DKDE = (E + E) * DKDE2

DXDE = DKDE + KX * AA * HALF * DBLE(ABS(T - S)) * E ** (ABS(T - S)

        - 1)

RETURN

END SUBROUTINE MCCLAIN2

! ---

子程序   LAGUERRE

调用方法   CALL LAGUERRE (N, A, X, LAQU)

功能   利用递推公式(3.54)计算 Laguerre 多项式 $L_m^{(a)}(x)$

参数　　　INPUT　　X　　自变量

　　　　　　　　　A　　参数

　　　　　　　　　N　　m 上限

　　　　OUTPUT　LAQUE$(-1:N)$　$L_m^{(a)}(x)(m=-1,0,1,\cdots,N)$

! ---

```
SUBROUTINE LAGUERRE(N, A, X, LAQU)
IMPLICIT NONE
INTEGER N, A
REAL * 8 X, LAQU(-1 : N)
INTEGER I
LAQU(-1) = 0.0D0
LAQU(0) = 1.0D0
LAQU(1) = DBLE(A) + 1.0D0 - X
DO I = 1, N - 1
    LAQU(I + 1) = ((DBLE(I) + 1.0D0 - X) * LAQU(I) &
    & + DBLE(I + A) * (LAQU(I) - LAQU(I - 1))) / DBLE(I + 1)
ENDDO
RETURN
END SUBROUTINE LAGUERRE
```

! ---

5) 程序名　　　MCCLAIN1

调用方法　　　CALL MCCLAIN1 (N, S, T, E, X, DXDE)

功能　　　利用式(3.76)和(3.79)计算 Hansen 系数 $X_t^{n,s}$ 及其导数 $\dfrac{\mathrm{d}X_t^{n,s}}{\mathrm{d}e}$

参数　　　INPUT　　E　　　　偏心率

　　　　　　　　　N, S, T　指标

　　　　OUTPUT　X　　$X_t^{n,s}$

　　　　　　　　DXDE　　$\dfrac{\mathrm{d}X_t^{n,s}}{\mathrm{d}e}$

调用子程序 LAGUERRE。

! ---

```
SUBROUTINE MCCLAIN1(N, S, T, E, XX, DXDE)
IMPLICIT NONE
```

```
      INTEGER N, S, T
      REAL * 8 E, XX, DXDE
      REAL * 8 BETA, B2, X, AA, DADB2, DXDB2
      INTEGER NN, NNN, A, B
      REAL * 8 KX, DX
      INTEGER ALPHA
      REAL * 8 LAQUA(-1 : 200), DLAQUA(-1 : 200), LAQUB(-1 : 200), DLAQUB
     (-1 : 200)
      INTEGER I
      REAL * 8 BETA2I, DLDX, HALF, ETS, DKDE2, DKDE
      BETA = E / (1.0D0 + DSQRT(1.0D0 - E * E))
      B2 = BETA * BETA
      X = DBLE(T) * (1.0D0 - B2) / (1.0D0 + B2)
      AA = (1.0D0 - B2) * * (2 * N + 3) * (1.0D0 + B2) * * (-(N + 1) + ABS(T - S))
      DADB2 = AA * (-DBLE(2 * N + 3) / (1.0D0 - B2) + DBLE(-(N + 1) &
     & + ABS(T - S)) / (1.0D0 + B2))
      DXDB2 = -2.0D0 * DBLE(T) / (1.0D0 + B2) / (1.0D0 + B2)
      NN = 70
      NNN = NN + ABS(T - S)
      A = (ABS(T - S) + (T - S)) / 2
      B = (ABS(T - S) - (T - S)) / 2
      KX = 0.0D0
      DX = 0.0D0
      ALPHA = N - T + 1
      CALL LAGUERRE(NNN, ALPHA, X, LAQUA)
      CALL LAGUERRE(NNN, ALPHA + 1, X, DLAQUA)
      ALPHA = N + T + 1
      CALL LAGUERRE(NNN, ALPHA, -X, LAQUB)
      CALL LAGUERRE(NNN, ALPHA + 1, -X, DLAQUB)
      DO I = NN, 0, -1
         BETA2I = BETA * * (I + I)
         KX = KX + LAQUA(I + A) * LAQUB(I + B) * BETA2I
```

DLDX = LAQUA(I + A) * DLAQUB(I + B − 1) − DLAQUA(I + A − 1) * LAQUB(I + B)

DX = DX + DLDX * DXDB2 * BETA2I + DBLE(I) * LAQUA(I + A) * LAQUB(I + B) &

& * BETA ** (I + I − 2)

ENDDO

HALF = (−0.5D0) ** ABS(T − S)

ETS = E ** ABS(T − S)

XX = KX * AA * HALF * ETS

DKDE2 = (KX * DADB2 + DX * AA) * HALF * ETS * (1.0D0 + B2) ** 3 / (1.0D0 − B2) / 4.0D0

DKDE = (E + E) * DKDE2

DXDE = DKDE + DBLE(ABS(T − S)) * KX * AA * HALF * E ** (ABS(T − S) − 1)

RETURN

END SUBROUTINE MCCLAIN1

! --

6) 程序名　GIACAGLIA

调用方法　CALL GIACAGLIA(L, P, Q, E, X, DX)

功能　　利用式(3.90)和(3.91)计算偏心率函数 G_{lpq} 及其导数 $\dfrac{\mathrm{d}G_{lpq}}{\mathrm{d}e}$

参数　　INPUT　　E　　　偏心率

　　　　　　　　　L, P, Q　指标

　　　　　OUTPUT　X　　　G_{lpq}

　　　　　　　　　DX　　　$\dfrac{\mathrm{d}G_{lpq}}{\mathrm{d}e}$

调用子程序 BESSEL 和 CJI。

! --

SUBROUTINE GIACAGLIA(L, P, Q, E, X, DX)

IMPLICIT NONE

INTEGER L, P, Q

REAL * 8 E, X, DX

REAL * 8 BETA, B2, A, DBDE

INTEGER K

```
REAL * 8 JN( - 200 : 200)
INTEGER S, T
REAL * 8 C1, C2, DJDE, C, DCDE
BETA = E / (1.0D0 + DSQRT(1.0D0 - E * E))
B2 = BETA * BETA
A = (1.0D0 + B2) * * L
DBDE = (1.0D0 + B2) * * 2 / (1.0D0 - B2) / 2.0D0
K = L - P - P + Q
CALL BESSEL(200, DBLE(K) * E, JN)
X = 0.0D0
DX = 0.0D0
IF(P .NE. 0 .AND. P .NE. L) THEN
    DO S = 0, 70
    DO T = 0, 70
        CALL CJI(L + L - P - P + S - 1, S, C1)
        CALL CJI(P + P + T - 1, T, C2)
        DJDE = DBLE(K) * (JN(Q - S + T - 1) - JN(Q - S + T + 1)) / 2.0D0
        C = C1 * C2 * A * BETA * * (S + T)
        DCDE = (DBLE(L + L) * BETA / (1.0D0 + B2) &
            & + DBLE(S + T) / BETA) * C * DBDE
        X = X + C * JN(Q - S + T)
        DX = DX + DCDE * JN(Q - S + T) + C * DJDE
        ENDDO
    ENDDO
ENDIF
IF(P .EQ. L .AND. P .NE. 0) THEN
    S = 0
    DO T = 0, 70
        CALL CJI(L + L - P - P + S - 1, S, C1)
        CALL CJI(P + P + T - 1, T, C2)
        DJDE = DBLE(K) * (JN(Q - S + T - 1) - JN(Q - S + T + 1)) / 2.0D0
        C = C1 * C2 * A * BETA * * (S + T)
```

$$DCDE = (DBLE(L + L) * BETA / (1.0D0 + B2) + DBLE(S + T) / BETA)$$
$* C * DBDE$

$$X = X + C * JN(Q - S + T)$$

$$DX = DX + DCDE * JN(Q - S + T) + C * DJDE$$

ENDDO

ENDIF

IF(P .EQ. 0 .AND. P .NE. L) THEN

DO S = 0, 70

T = 0

CALL CJI(L + L - P - P + S - 1, S, C1)

CALL CJI(P + P + T - 1, T, C2)

$$DJDE = DBLE(K) * (JN(Q - S + T - 1) - JN(Q - S + T + 1)) / 2.0D0$$

$$C = C1 * C2 * A * BETA ** (S + T)$$

$$DCDE = (DBLE(L + L) * BETA / (1.0D0 + B2) + DBLE(S + T) / BETA)$$
$* C * DBDE$

$$X = X + C * JN(Q - S + T)$$

$$DX = DX + DCDE * JN(Q - S + T) + C * DJDE$$

ENDDO

ENDIF

RETURN

END SUBROUTINE GIACAGLIA

! --

7) 程序名　BALMINO

调用方法　CALL BALMINO(N, M1, S1, E, X, DX)

功能　利用式(3.10)和(3.86)计算 Hansen 系数 $X_{m+s}^{n,m}$ 及其导数 $\frac{dX_{m+s}^{n,m}}{de}$

参数　INPUT　E　偏心率

N, M1, S1　指标

OUTPUT　X　$X_{m+s}^{n,m}$

DX　$\frac{dX_{m+s}^{n,m}}{de}$

调用子程序 CJI。

! --

```
SUBROUTINE BALMINO(N, M1, S1, E, X, DX)
IMPLICIT NONE
INTEGER N, M1, S1
REAL * 8 E, X, DX
REAL * 8 HALFE
INTEGER M, S, T
REAL * 8 XST
INTEGER J
REAL * 8 XP
INTEGER P
REAL * 8 AP, XQ
INTEGER Q
REAL * 8 BQ
INTEGER K
REAL * 8 C1, C2
HALFE = E / 2.0D0
M = M1
S = S1
IF(S1 .LT. 0) THEN
    M = - M1
    S = - S1
ENDIF
X = 0.0D0
DX = 0.0D0
DO T = 0, 50
    XST = 0.0D0
    DO J = 0, T
        XP = 1.0D0
        DO P = 0, J
            CALL CJI(N + M + 1, J - P, AP)
            IF(P .NE. 0) XP = XP * DBLE(S + M) / DBLE(P)
            XQ = 1.0D0
```

```
        DO Q = 0, S + J
            CALL CJI(N - M + 1, S + J - Q, BQ)
            IF(Q .NE. 0) XQ = - XQ * DBLE(S + M) / DBLE(Q)
            K = T + T - N + S - P - Q - 2
            CALL CJI(K, T - J, C1)
            CALL CJI(K, T - J - 1, C2)
            XST = XST + AP * BQ * XP * XQ * (C1 - C2)
        ENDDO
      ENDDO
    ENDDO
    X = X + XST * HALFE * * (T + T + S)
    DX = DX + XST * DBLE(T + T + S) * HALFE * * (T + T + S - 1) / 2.0D0
    ENDDO
    X = X * ( - 1.0D0) * * S
    DX = DX * ( - 1.0D0) * * S
    RETURN
    END SUBROUTINE BALMINO
```

! ---

8) 程序名　HANSENJF

调用方法　CALL HANSENJF(N, M, K, E, X, DX)

功能　　利用式(3.65)和(3.73)计算 Hansen 系数 $X_k^{n,m}$ 及其导数 $\dfrac{\mathrm{d}X_k^{n,m}}{\mathrm{d}e}$

参数　　INPUT　　E　　　偏心率

　　　　　　　　N, M, K　指标

　　　　OUTPUT　X　　　$X_k^{n,m}$

　　　　　　　　DX　　　$\dfrac{\mathrm{d}X_k^{n,m}}{\mathrm{d}e}$

! ---

```
SUBROUTINE HANSENJF(N, M, K, E, X, DX)
IMPLICIT NONE
INTEGER N, M, K
REAL * 8 E, X, DX
REAL * 8 PI
```

```
INTEGER NN

REAL * 8 WH, E2, X1, X2

INTEGER I

REAL * 8 EE, MM, F, ROA, ROAN

PI = 3.1415926535897932384626430D0

NN = 2000

WH = PI /DBLE(NN)

E2 = 1.0D0 - E * E

X1 = 0.0D0

X2 = 0.0D0

DO I = 0, NN / 2 - 1

    EE = WH * (0.4226497308103742D0 + 2.0D0 * DBLE(I))

    MM = EE - E * DSIN(EE)

    F = EE + 2.0D0 * DATAN(E * DSIN(EE) / (1.0D0 + DSQRT(1.0D0 - E * E)
- E * DCOS(EE)))

    ROA = 1.0D0 - E * DCOS(EE)

    ROAN = ROA * *(N + 1)

    X1 = X1 + ROAN * DCOS(DBLE(M) * F - DBLE(K) * MM)

    X2 = X2 - ROAN * (DBLE(N) / ROA * DCOS(F) * DCOS(DBLE(M) * F -
DBLE(K) * MM) &

        & + DBLE(M) / E2 * (2.0D0 + E * DCOS(F)) * DSIN(F) &

        & * DSIN(DBLE(M) * F - DBLE(K) * MM))

    EE = WH * (1.5773502691896257D0 + 2.0D0 * DBLE(I))

    MM = EE - E * DSIN(EE)

    F = EE + 2.0D0 * DATAN(E * DSIN(EE) / (1.0D0 + DSQRT(1.0D0 - E * E)
- E * DCOS(EE)))

    ROA = 1.0D0 - E * DCOS(EE)

    ROAN = ROA * *(N + 1)

    X1 = X1 + ROAN * DCOS(DBLE(M) * F - DBLE(K) * MM)

    X2 = X2 - ROAN * (DBLE(N) / ROA * DCOS(F) * DCOS(DBLE(M) * F -
DBLE(K) * MM) &

        & + DBLE(M) / E2 * (2.0D0 + E * DCOS(F)) * DSIN(F) &
```

```
      & * DSIN(DBLE(M) * F - DBLE(K) * MM))
ENDDO
X = X1 * WH / PI
DX = X2 * WH / PI
RETURN
END SUBROUTINE HANSENJF
```

D.3　第 4 章计算方法 Fortran 程序

```
! ----------------------------------------------------------------------
```

1) 程序名　R6FWD

调用方法　CALL R6FWD(K，NN，E，X)

功能　　　利用式(3.17)或(3.87)计算递推初值

$X_k^{n,m}(n=-l-1;m=-l,-l+1,\cdots,l;l=2,3)$

然后利用式(R1)、(R3)和(R6)递推计算偏心率函数

参数　　　INPUT　　K　　　指标

　　　　　　　　　　E　　　偏心率

　　　　　　　　　　NN　　阶次

　　　　　　OUTPUT　X(N, M)　X(3 : NN + 1, -NN : NN)

$X_k^{n,m}(n=-l-1;m=-l,-l+1,\cdots,l;l=2,3,\cdots,NN)$

```
! ----------------------------------------------------------------------
SUBROUTINE R6FWD(K，NN，E，X)
IMPLICIT NONE
INTEGER K，NN
REAL * 8 E, X(3 : NN + 1, -NN : NN)
REAL * 8 E2, E1, E3, E4, E5, E6, E7, E8
INTEGER N, M
REAL * 8 X1, A1, A2, A3, A4, A5, A6
E2 = E * E
E1 = 1.0D0 - E2
E3 = DSQRT(E1)
E4 = E3 * E1
```

```
E5 = E1 * E1
E6 = E2 / 4.0D0
E7 = 1.0D0 - E2 / 2.0D0
E8 = E1 * E
DO N = 3, 4
    DO M = -N + 1, N - 1, 2
        CALL WNUK1(-N, M, K, E, X1)
        X(N, M) = X1
    ENDDO
ENDDO
DO N = 4, NN
    A1 = DBLE(N - 3) * DBLE(N + N - 1) * E2
    A2 = -3.0D0 * E2
    A3 = 2.0D0 * DBLE(N - 3) * DBLE(N - 2) + 3.0D0 * DBLE(N - 2) * E2 &
        & - 2.0D0 * DBLE(N - 3) * DBLE(K) * E4
    A4 = 3.0D0 * DBLE(N - 3) * DBLE(K) * E * E3
    A5 = DBLE(N - 5) * DBLE(K) * E * E3
    A6 = 2.0D0 * DBLE(N - 3) * DBLE(N - 2) + 3.0D0 * DBLE(N - 2) * E2 &
        & + 2.0D0 * DBLE(N - 3) * DBLE(K) * E4
    DO M = -N + 2, N - 2, 2
        IF(M .NE. 0) THEN
            X(N + 1, M) = (DBLE(N - 1) * E * (X(N, M - 1) - X(N, M + 1)) &
                & + 2.0D0 * DBLE(K) * E3 * X(N - 1, M)) / DBLE(M + M) / E1
        ELSE
            X(N + 1, M) = (E8 * (X(N, M - 1) + X(N, M + 1)) + E7 * X(N - 1, M) &
                & - E6 * (X(N - 1, M + 2) + X(N - 1, M - 2))) / E5
        ENDIF
    ENDDO
    X(N + 1, N) = (A2 * X(N + 1, N - 4) + A3 * X(N + 1, N - 2) &
        & + A4 * X(N, N - 1) + A5 * X(N, N - 3)) / A1
    X(N + 1, -N) = (A2 * X(N + 1, -N + 4) + A6 * X(N + 1, -N + 2) &
```

```
      & - A4 * X(N, -N + 1) - A5 * X(N, -N + 3)) / A1
ENDDO
RETURN
END SUBROUTINE R6FWD
```

! ---

2) 程序名　R5BACK

调用方法　CALL R5BACK(K, L, E, X)

功能　　　利用式(3.17)或(3.87)计算递推初值

$$X_k^{n,m}(n = -l-1; m = -l, -l+1, \cdots, l; l = L)$$

然后利用式(R5)递推计算偏心率函数

参数　　　INPUT　　K　　　指标

E　　　偏心率

L　　　阶次

OUTPUT　X(N, M)　X(3 : L + 1, -L : L)

$$X_k^{n,m}(n = -l-1; m = -l, -l+1, \cdots, l; l = L, L-1, \cdots, 2)$$

! ---

```
SUBROUTINE R5BACK(K, L, E, X)
IMPLICIT NONE
INTEGER K, L
REAL * 8 E, X(3 : L + 1, -L : L)
REAL * 8 E1
INTEGER M
REAL * 8 X1
INTEGER N
E1 = 2.0D0 * DBLE(K) * DSQRT(1.0D0 - E * E)
DO M = -L, L
    CALL WNUK1(-L - 1, M, K, E, X1)
    X(L + 1, M) = X1
ENDDO
DO N = L, 3, -1
    DO M = -N + 1, N - 1
        X(N, M) = (2.0D0 * DBLE(M) * X(N + 1, M) &
```

```
      & +DBLE(N + M) * E * X(N + 1, M + 1) &
      & +DBLE(M − N) * E * X(N + 1, M − 1)) / E1
   ENDDO
ENDDO
RETURN
END SUBROUTINE R5BACK
```

! --

3）程序名　HANSENN

调用方法　CALL HANSENN(E, L, NN, Q0, G)

功能　利用式(3.65)和(3.72)成批计算 $l = L$ 的偏心率函数及其导数

参数　　INPUT　　E　　　偏心率

　　　　　　　　L　　　阶次

　　　　　　　　NN　　数值积分点数

　　　　　　　　Q0　　指标 q 的求和范围为 $[-Q_0, Q_0]$

　　　　OUTPUT　G(2, 0 : L, −Q0 : Q0)

　　　　　　　　G(1, P, Q), G_{Lpq} $(p = 0,1,\cdots,L; q = -Q_0, -Q_0+1,\cdots,Q_0)$

　　　　　　　　G(2, P, Q), $\dfrac{dG_{Lpq}}{de}$ $(p = 0,1,\cdots,L; q = -Q_0, -Q_0+1,\cdots,Q_0)$

! --

```
SUBROUTINE HANSENN(E, L, NN, Q0, G)
IMPLICIT NONE
REAL * 8 E
INTEGER L, NN, Q0
REAL * 8 G(2, 0 : L, −Q0 : Q0), PI, AA(2), E2, WH
INTEGER P, Q
REAL * 8 WS(2, 0 : L, −Q0 : Q0)
INTEGER I, J
REAL * 8 EE, M, F
INTEGER N
REAL * 8 ROVERA, ROAN, FDE, GGC, GGS
INTEGER MM, K
REAL * 8 S1, C1, WF1(2, 0 : L, −Q0 : Q0)
PI = 3.14159265358979793238462643D0
```

```
AA(1) = 0.4226497308103742D0
AA(2) = 1.5773502691896257D0
E2 = 1.0D0 - E * E
WH = PI /DBLE(NN)
DO P = 0, L / 2
    DO Q = -Q0, Q0
        WS(1, P, Q) = 0.0D0
        WS(2, P, Q) = 0.0D0
    ENDDO
ENDDO
DO I = 0, NN / 2 - 1
    DO J = 1, 2
        EE = WH * (AA(J) + 2.0D0 * DBLE(I))
        M = EE - E * DSIN(EE)
        F = EE + 2.0D0 * DATAN(E * DSIN(EE) / (1.0D0 + DSQRT(1.0D0 - E
        * E) &
            & - E * DCOS(EE)))
        N = DBLE(-L - 1)
        ROVERA = 1.0D0 - E * DCOS(EE)
        ROAN = ROVERA * *(N + 1)
        FDE = (2.0D0 * DSIN(F) + E * DSIN(2.0D0 * F) / 2.0D0) / E2
        GGC = -ROAN * N * DCOS(F) / ROVERA
        GGS = -ROAN * FDE
        DO P = 0, L / 2
            MM = L - P - P
            DO Q = -Q0, Q0
                K = MM + Q
                S1 = DSIN(DBLE(MM) * F - DBLE(K) * M)
                C1 = DCOS(DBLE(MM) * F - DBLE(K) * M)
                WF1(1, P, Q) = ROAN * C1
                WF1(2, P, Q) = GGC * C1 + GGS * S1 * DBLE(MM)
            ENDDO
```

```
            ENDDO
            DO P = 0, L / 2
                DO Q = - Q0, Q0
                    WS(1, P, Q) = WS(1, P, Q) + WF1(1, P, Q)
                    WS(2, P, Q) = WS(2, P, Q) + WF1(2, P, Q)
                ENDDO
            ENDDO
        ENDDO
    ENDDO
    DO P = 0, L / 2
        DO Q = - Q0, Q0
            WS(1, P, Q) = WH * WS(1, P, Q) / PI
            WS(2, P, Q) = WH * WS(2, P, Q) / PI
        ENDDO
    ENDDO
    DO P = 0, L
        DO Q = - Q0, Q0
            IF(P .LT. L / 2) THEN
                G(1, P, Q) = WS(1, P, Q)
                G(2, P, Q) = WS(2, P, Q)
            ELSE
                G(1, P, Q) = WS(1, L - P, - Q)
                G(2, P, Q) = WS(2, L - P, - Q)
            ENDIF
        ENDDO
    ENDDO
    RETURN
END SUBROUTINE HANSENN
```

参考文献

[1] Laskar, J., Boué, G. Explicit expansion of the three-body disturbing function for arbitrary

eccentricities and inclinations. Astronomy and Astrophysics，2010，522，A60.

［2］Challe，A.，Laclaverie，J. J. Disturbing function and analytical solution of the problem of the motion of a satellite. Astronomy and Astrophysics，1969，3：15‐28.

［3］Jarnagin，M. P. Expansions in Elliptic Motion. Astronomical Papers Prepared for the Use of the American Ephemeris and Nautical Almanac Volume XVIII，U. S. Government Printing Office，Washington，1965.

［4］McClain，W. D. A Recursively Formulated First-Order Semianalytic Artificial Satellite Theory Based on the Generalized Method of Averaging. Volume Ⅱ. The Explicit Development of the First-Order Averaged Equations of Motion for the Nonspherical Gravitational and Nonresonant Third-Body Perturbations. NASA CR‐156783，1978.

［5］Proulx，R. J.，McClain，W. D. Series Representations and rational approximations for Hansen coefficients. Journal of Guidance，1988，11(4)：313‐319.

［6］吴连大，张明江. Hansen 系数及其导数的直接计算方法. 天文学报，2021，62(5)：47.

［7］Giacaglia，G. E. O. A note on Hansen's coefficients in satellite theory. Celestial Mechanics，1976，14(4)：515‐523.

［8］吴连大. 人造卫星与空间碎片的轨道和探测. 北京：中国科学技术出版社，2011.